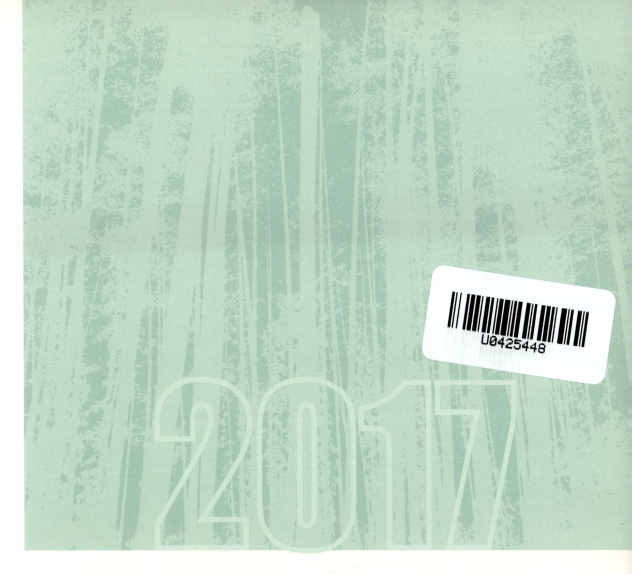

退耕还林工程
综合效益监测国家报告

■ 国家林业和草原局

中国林业出版社

图书在版编目（CIP）数据

2017退耕还林工程综合效益监测国家报告 / 国家林业和草原局著. —北京：中国林业出版社, 2019.12

ISBN 978-7-5219-0434-5

Ⅰ.①2… Ⅱ.①国… Ⅲ.①退耕还林-生态效应-监测-研究报告-中国-2017 Ⅳ.①S718.56

中国版本图书馆CIP数据核字（2019）第276637号

审图号：GS(2019)3309号

中国林业出版社·自然保护分社

策划编辑	刘家玲
责任编辑	刘家玲 甄美子

出版发行 中国林业出版社（100009 北京市西城区德内大街刘海胡同7号）
电话：(010)83143519 83143616
http://www.forestry.gov.cn/lycb.html

制　版	北京美光设计制版有限公司
印　刷	固安县京平诚乾印刷有限公司
版　次	2019年12月第1版
印　次	2019年12月第1次
开　本	889mm×1194mm　1/16
印　张	14
印　数	1~2500册
字　数	300千字
定　价	160.00元

未经许可，不得以任何方式复制或抄袭本书之部分或全部内容。

版权所有 侵权必究

《2017退耕还林工程综合效益监测国家报告》
编辑委员会

领导小组

组　　长： 刘东生
副组长： 周鸿升　李　冰
成　　员： 李青松　张秀斌　吴礼军　敖安强　刘再清　王月华

领导小组办公室

主　　任： 周鸿升
副主任： 敖安强
成　　员： 王　兵　王维亚　孔忠东　李保玉　吴转颖　汪飞跃　陈应发　段　昆
　　　　　　张　升

生态效益监测项目组

监测报告首席科学家： 王　兵
野外监测组负责人： 郭希的　张维康　曹建生
野外监测组成员： 苗婷婷　杨成生　谢伟东　杨永艳　肖永青　肇　楠　韩中海
邹春明　王晓荣　曾掌权　臧　颢　王晓江　左　忠　常建国　任斐鹏　简　毅
李吉玫　郭玉红　陈本文

数据测算组负责人： 牛　香　李慧杰　李明文
数据测算组成员： 宋庆丰　黄龙生　王　慧　白浩楠　段玲玲　刘　润　许庭毓
陈淑芬　王　芳　付　孜　谢　涛　李琛泽　佟志彬　许乾增　焦　楠　潘　磊
田育新　罗　佳　欧阳勋志　李卓凡　贺喜叶乐吐　高红军　胡　彬　王得祥
曾双贝　骆宗诗　李吉玫　江期川　师贺雄

报告编写组负责人： 王　兵　陈　波　丁访军
报告编写组成员： 李慧杰　牛　香　甘先华　申文辉　彭明俊　杨　旭　陶玉柱
管清成　徐丽娜　郭乐东　刘　斌　邱　林　冯万富　谭一波　卢　峰　任　军
秦　岭　高桂峰　张文辉　白浩楠　段玲玲　刘　润　许庭毓　袁卿语　林野墨
张　阳　厉月桥　艾训儒　姚　兰　董玲玲

协调保障组负责人： 段 昆　宋庆丰　郭希的
协调保障组成员： 张进献　齐永红　曹建军　何小东　郭英荣　亓建农　雷永松　胡 锋　颜子仪　许奇聪　杨光平　潘 攀　李宗辉　郑晓波　张虎成　罗 琦　寇明逸　王治啸　郑海龙　雷 军

社会经济效益监测项目组

数据测算组负责人： 谢 晨　王佳男　郭希的
数据测算组成员： 闫香妥　张 阳　张 梁　李国丽　徐 蕾　张春光　崔文杰　李清伟　王译锴　覃方川　刘 逸　徐景云　陈 刚　林 川　刘 攀　潘轶梅　李宇星　陈 瑱　李永良　高红军　徐彩芹　陈晓妮　招礼军　许才万　张昕欣　韩中海　马菲悦　张 维　刘正平　曹 敏　吴建新　许 扬　马宝莲　张晓梅　周 倩　林 静　赵远潮　陈国强　孟祥江
报告编写组负责人： 张 升　段 昆
报告编写组成员： 王佳男　张 坤　彭 伟　李 扬　崔 嵬　赵广帅　文彩云　高建中　刘 超

项目主管单位：
国家林业和草原局退耕还林（草）工程管理中心

项目实施单位：
中国林业科学研究院
国家林业和草原局经济发展研究中心

项目合作单位：
河北省林业工程项目管理中心
山西省造林局
内蒙古自治区退耕还林和外援项目管理中心
吉林省林业厅
黑龙江省林业和草原局生态保护修复和荒漠化防治处
安徽省造林经营总站
江西省退耕还林工作领导小组办公室
河南省退耕还林和天然林保护工程管理中心
湖北省林业局
湖南省林业局造林绿化处
广西壮族自治区林业局
重庆市退耕还林管理中心
四川省退耕还林还草中心

贵州省退耕还林工程管理中心
云南省退耕还林办公室
西藏自治区林业和草原局
陕西省退耕还林工程管理中心
甘肃省林业科学研究院
宁夏农林科学院荒漠化治理研究所
新疆林业科学院
北京农学院
海南大学
湖北民族大学
沈阳农业大学
北京林业大学
北京市林业果树科学研究院
西北农林科技大学

支持机构与项目基金：
中国森林生态系统定位观测研究网络（CFERN）
国家林业和草原局"退耕还林工程生态效益监测与评估"专项资金
北京林果业生态环境功能提升协同创新中心"2019校专项-科技创新服务能力建设-科研基地建设-林果业生态环境功能提升协同创新中心（2011协同创新中心）"，PXM2019_014207_000099
林业公益性行业科研专项项目"森林生态服务功能分布式定位观测与模型模拟"（201204101）
国家林业和草原局项目"中国森林核算及纳入绿色经济评价研究"
江西大岗山森林生态系统国家野外科学观测研究站
典型林业生态工程效益监测评估国家创新联盟

前 言

2011年党中央、国务院发布的《中国农村扶贫开发纲要（2011—2020年）》中划定的11个集中连片特困地区和3个已明确实施特殊扶持政策地区（以下统称集中连片特困地区）的689个县既是国家扶贫攻坚的"主战场"，也是退耕还林工程的"主战场"。退耕还林作为"生态扶贫"的重要内容和林业扶贫"四个精准"举措之一，在全面打赢脱贫攻坚战中承担了重要职责，发挥了重要作用。为深入贯彻落实习近平生态文明思想、习近平扶贫思想，全面评估集中连片特困地区退耕还林工程生态、社会和经济效益，客观反映退耕还林对我国经济社会发展发挥的巨大作用，2017年国家林业局退耕还林（草）工程管理中心组织中国林业科学研究院、国家林业局经济发展研究中心等单位对集中连片特困地区退耕还林生态、社会和经济效益进行了监测评估，形成了《2017退耕还林工程综合效益监测国家报告》（以下简称《报告》）。

《报告》上篇为生态效益监测。在技术标准上，严格遵照中华人民共和国林业行业标准《退耕还林工程生态效益监测与评估规范》（LY/T 2573—2016）确定的监测与评估方法开展工作；在数据采集上，利用全国退耕还林工程生态连清数据集、资源连清数据集和社会公共数据集，其中生态连清数据集来源于32个生态效益专项监测站、CFERN所属的59个森林生态站、200多个辅助观测点以及7000多块样地；在测算方法上，采用分布式测算方法，分别针对所有片区开展效益评估，同时按照3种植被恢复类型（退耕地还林、宜林荒山荒地造林、封山育林）、3个林种类型（生态林、经济林、灌木林）和优势树种（组）的五级分布式测算等级进行评估测算，划分为35828个相对均质化的生态效益评估单元；在评估指标上，由涵养水源、保育土壤、固碳释氧、林木积累营养物质、净化大气环境、森林防护和生物多样性保护等7类功能23项指标构成。

生态效益监测结果表明，截至2017年，集中连片特困区退耕还林工程物质量评估结果为：涵养水源175.69亿立方米/年；固土25069.42

万吨/年；保肥970.44万吨/年；固碳2135.07万吨/年，释氧5090.06万吨/年；林木积累营养物质40.16万吨/年；提供负离子4229.75×10^{22}个/年，吸收污染物145.59万吨/年，滞尘19841.98万吨/年（其中，滞纳TSP 15697.17万吨/年，滞纳PM_{10} 1703.71万吨/年，滞纳$PM_{2.5}$ 681.45万吨/年）；防风固沙20795.78万吨/年。按照2017年现价评估，集中连片特困区退耕还林工程每年产生的生态效益总价值量为5601.21亿元，其中，涵养水源1659.05亿元，保育土壤615.04亿元，固碳释氧791.53亿元，林木积累营养物质77.20亿元，净化大气环境1193.41亿元（其中，滞纳TSP 470.91亿元，滞纳PM_{10} 346.51亿元，滞纳$PM_{2.5}$ 138.60亿元），生物多样性保护1003.07亿元，森林防护261.91亿元。

《报告》下篇为社会经济效益监测。在调查对象上，以集中连片特困地区的689个县为主，同时直接收取了"国家林业重点工程社会经济效益监测"中的105个退耕还林工程样本县、1576个退耕农户的固定对象调查数据，以及"国家林业重点工程社会经济效益监测"组织的4次返乡大学生退耕农户问卷调查数据，涉及全国25个工程省的约8000个农户；在监测指标上，主要包括集中连片特困地区退耕还林工程实施期间的社会经济、人口资源与环境等基本情况，工程实施在农村扶贫、农民就业、经营制度、生产生活等方面产生的影响，以及工程实施对地区经济发展带来的直接影响；在调查方法上，对于县级调查单位主要以函调填写调查表和典型材料为主，对于农户主要以访谈填写调查问卷为主。

社会经济效益监测结果表明，集中连片特困地区退耕还林工程促进了脱贫攻坚和区域社会经济发展。截至2017年底，近七成新一轮工程任务投向集中连片特困地区，监测县参与退耕还林工程的建档立卡贫困户占建档立卡贫困户的31.25%；许多地方已形成了以林脱贫的长效机制，样本县农民在退耕林地上的林业就业率为8.01%；促进了新型林业经营主体发展，增进了农村公平，促进了农村产权制度改革；改变了农户生产生活方式，样本户家庭外出打工人数占家庭劳动力人数的比重为56.92%。同时，集中连片特困地区退耕还林工程促进了地区经济发展，加快了农村产业结构调整步伐，培育了林下经济、中药材、干鲜果品、森林旅游等新的地区经济增长点；夯实了退耕地持续经营的产权制度基础，加快了林草业民营经济发展，加快了林业后续产业高质量发展，进而激发了地区经济发展活力；促进了退耕农户林业生产经营性收入大幅增长，户均达到0.51万元，占家庭总收入的比重为7.44%；农民林业收入渠道多元化，其财政补助成为家庭收入的重要组成部分且明显提高了退耕农户短期收入，从而促进了农户家庭增收致富，对如期全面打赢脱贫攻坚战发挥了重要的不可替代的作用。

退耕还林工程综合效益监测评估结果表明，退耕还林工程建设实践生动诠释了习近平生态文明思想和"绿水青山就是金山银山"的发展理念；退耕还林工程不仅是一项生态修复工程，更是涉及万千农户的富民工程，为山河增绿、农民增收做出了巨大贡献。退耕还林工程生态、社会和经济效益监测工作涉及多个学科，监测与评估过程极为复杂，在评估过程中，所有片区和相关技术支撑单位的人员付出了辛勤劳动，在此一并表示敬意和感谢！我们相信，随着工程建设的不断推进，特别是监测评估技术手段、支撑条件不断提升，退耕还林工程效益监测工作会越来越科学。在此，我们敬请广大读者提出宝贵意见，以便在今后的工作中及时改进。

编委会
2019年9月

目 录

前 言

上 篇 生态效益监测

第一章 集中连片特困地区退耕还林工程生态连清体系

1.1 集中连片特困地区退耕还林工程野外观测连清体系……………4
   1.1.1 生态功能监测与评估区划布局……………4
   1.1.2 观测站点建设……………6
   1.1.3 观测标准体系……………6
   1.1.4 观测数据采集传输……………6
1.2 集中连片特困地区退耕还林工程分布式测算评估体系……………7
   1.2.1 分布式测算方法……………7
   1.2.2 测算评估指标体系……………8
   1.2.3 数据源耦合集成……………9
   1.2.4 森林生态功能修正系数集……………12
   1.2.5 贴现率……………12
   1.2.6 评估公式与模型包……………13

第二章 集中连片特困地区退耕还林工程植被恢复的空间格局

2.1 退耕还林工程不同模式恢复的空间格局……………31
2.2 退耕还林工程不同林种恢复的空间格局……………36

第三章 集中连片特困地区退耕还林工程生态效益物质量评估

3.1 集中连片特困地区退耕还林工程生态效益物质量评估总结果……………39
3.2 三种植被恢复模式生态效益物质量评估……………45
   3.2.1 退耕地还林生态效益物质量评估……………45
   3.2.2 宜林荒山荒地造林生态效益物质量评估……………50

  3.2.3 封山育林生态效益物质量评估 …………………………………… 55

 3.3 三种林种生态效益物质量评估 ……………………………………… 60

  3.3.1 生态林生态效益物质量评估 ………………………………………… 61

  3.3.2 经济林生态效益物质量评估 ………………………………………… 65

  3.3.3 灌木林生态效益物质量评估 ………………………………………… 69

第四章 集中连片特困地区退耕还林工程生态效益价值量评估

 4.1 集中连片特困地区退耕还林工程生态效益价值量评估总结果 …… 74

 4.2 三种植被恢复模式生态效益价值量评估 …………………………… 83

  4.2.1 退耕地还林生态效益价值量评估 …………………………………… 83

  4.2.2 宜林荒山荒地造林生态效益价值量评估 …………………………… 91

  4.2.3 封山育林生态效益价值量评估 ……………………………………… 98

 4.3 三种林种生态效益价值量评估 ……………………………………… 106

  4.3.1 生态林生态效益价值量评估 ………………………………………… 106

  4.3.2 经济林生态效益价值量评估 ………………………………………… 112

  4.3.3 灌木林生态效益价值量评估 ………………………………………… 119

第五章 集中连片特困地区退耕还林工程生态效益特征及其存在问题与建议

 5.1 水土保持生态效益特征 ……………………………………………… 125

 5.2 净化大气环境生态效益特征 ………………………………………… 126

 5.3 固碳释氧生态效益特征 ……………………………………………… 127

 5.4 三种林种生态效益特征 ……………………………………………… 128

参考文献 …………………………………………………………………… 130

附录 I ……………………………………………………………………… 132

下　篇　社会经济效益监测

第六章　监测背景

第七章　监测目标和方法

7.1 监测目标 ··· 145
7.2 调查方法 ··· 146
7.2.1 调查内容 ·· 146
7.2.2 调查对象 ·· 147
7.2.3 数据收集 ·· 147
7.3 监测管理 ··· 148
7.3.1 开展独立调查 ·· 148
7.3.2 调查质量控制 ·· 148
7.4 调查地区实施退耕还林工程基本情况 ································ 149
7.4.1 工程实施范围覆盖三成农户 ····································· 149
7.4.2 三成投资为完善政策补助 ·· 149
7.4.3 林地草地面积大幅增长 ·· 149

第八章　监测结果

8.1 社会效益 ··· 151
8.1.1 促进了精准扶贫 ··· 151
8.1.2 促进了农民就业 ··· 155
8.1.3 促进了新型林业经营主体发展 ·································· 157
8.1.4 增进了农村公平 ··· 158
8.1.5 改变了农户生产生活方式 ·· 159
8.2 经济效益 ··· 159
8.2.1 促进了地区经济发展 ·· 160
8.2.2 加快了农村产业结构调整步伐 ·································· 160
8.2.3 培育了地区新的经济增长点 ····································· 161
8.2.4 激发了地区经济发展活力 ·· 164
8.2.5 促进了农户家庭增收致富 ·· 165

第九章　主要问题

9.1 应退未退耕地仍然比较多 ……………………………………… 169
9.2 一些地方实施新一轮退耕还林工程的积极性下降 …………… 171
9.3 退耕还林工程成果巩固的长效机制尚未建立 ………………… 172
9.4 工程到期后农户以林增收能力堪忧 …………………………… 173

第十章　对策建议

10.1 尽快扩大新一轮退耕还林还草规模 …………………………… 174
10.2 建立巩固成果长效机制 ………………………………………… 174
10.3 坚持发展产业带动，鼓励规模经营 …………………………… 175
10.4 增强退耕农户的自我发展能力 ………………………………… 175
10.5 加强部门之间沟通协调 ………………………………………… 175

附录Ⅱ：监测指标体系 ……………………………………………… 177

上 篇

生态效益监测

特 别 提 示

1. 本报告针对《中国农村扶贫开发纲要（2011—2020年）》（中共中央和国务院，2011）确定的集中连片特困地区进行生态效益监测与评估，范围包括六盘山区、秦巴山区、武陵山区、乌蒙山区、滇桂黔石漠化区、滇西边境山区、大兴安岭南麓山区、燕山—太行山区、吕梁山区、大别山区、罗霄山区等区域的集中连片特困地区和已明确实施特殊政策的西藏、四省藏区、南疆四地州，共计689个县。

2. 严格按照中华人民共和国林业行业标准《退耕还林工程生态效益监测与评估规范》（LY/T 2573—2016）对研究区退耕还林工程生态效益进行评估。

3. 评估指标包含：涵养水源、保育土壤、固碳释氧、林木积累营养物质、净化大气环境、森林防护和生物多样性保护7类功能23项指标，并将退耕还林工程营造林滞纳TSP、PM_{10}、$PM_{2.5}$指标进行单独评估。

4. 本报告价格参数来源于社会公共数据集，其中涵养水源和净化大气环境两个评估指标的价值量使用《中华人民共和国环境保护税法》中规定的环境保护税应纳税额的方法进行测算，固碳功能采用中国碳交易市场碳税价格加权平均值进行测算，其余片区采用《退耕还林工程生态效益国家报告（2016）》中2016年的价格作为基准价格，根据贴现率转换为2017—2018年现价。

5. 本报告中涉及的资源面积均为各片区提交的2017年底的退耕还林工程实际完成并成林能产生生态效益的森林面积，不包含退耕还草面积；评估将竹林合并到了生态林。

第一章
集中连片特困地区退耕还林工程生态连清体系

集中连片特困地区退耕还林工程生态效益监测与评估采用集中连片特困地区退耕还林工程生态连清体系（图1-1）（王兵，2016），是集中连片特困地区退耕还林工程生态效益全指标体系连续观测与清查体系的简称，指以生态地理区划为单位，依托国家林业和草原局现有森林生态系统定位观测研究站（简称"森林生态站"）、集中连片特困地区退耕还林工程生态效益专项监测站（简称"生态效益专项监测站"）和辅助观测点，采用长期定位观测技术和分布式测算方法，定期对集中连片特困地区退耕还林工程生态效益进行全指标体系观测和清查，它与集中连片特困地区退耕还林工程资源连续清查相耦合，评估一定时期和范围内集中连片特困地区退耕还林工程生态效益，进一步了解该地区退耕还林工程生态效益的动态变化。

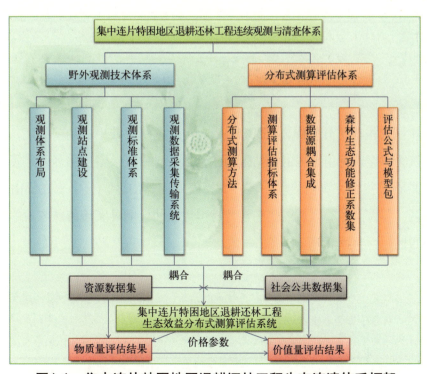

图1-1　集中连片特困地区退耕还林工程生态连清体系框架

1.1 集中连片特困地区退耕还林工程野外观测连清体系

集中连片特困地区退耕还林工程各片区的自然条件和社会经济发展状况各有不同，因此在监测方法、监测指标上应具有统一的标准。野外观测连清体系是评估的数据保证，基本要求是统一测度、统一计量和统一描述。野外观测连清体系包含了观测体系布局、观测站点建设、观测标准体系和观测数据采集传输系统等多个模块。

> 生态功能监测与评估区划是以正确认识区域生态环境特征、生态问题性质及产生的根源为基础，依据区域生态系统服务功能的不同、生态敏感性的差异和人类活动影响程度，分别采取不同的对策，是实施区域生态功能监测与评估分区管理的基础和前提。

1.1.1 生态功能监测与评估区划布局

野外观测连清体系是构建退耕还林工程生态连清体系的重要基础，而生态功能监测与评估区划布局是退耕还林工程生态连清体系的平台。为了做好这一基础工作，首先需要考虑如何构建生态功能监测与评估区划布局。集中连片特困地区退耕还林工程涉及我国自然、经济和社会条件各不相同的各个地区，只有进行科学的生态功能监测与评估区划，才能反映所有地区退耕还林工程生态效益的差异。

> 森林生态系统服务全指标体系连续观测与清查技术（简称"森林生态连清"）是以生态地理区划为单位，以国家现有森林生态站为依托，采用长期定位观测技术和分布式测算方法，定期对同一森林生态系统进行重复的全指标体系观测与清查的技术，它可以配合国家森林资源连续清查，形成国家森林资源清查综合调查新体系，用以评价一定时期内森林生态系统的质量状况，进一步了解森林生态系统的动态变化。

根据《中国农村扶贫开发纲要（2011—2020年）》（中共中央和国务院，2011）第十条确定了本次集中连片特困地区的评估范围，包括六盘山区、秦巴山区、武陵山区、乌蒙山区、滇桂黔石漠化区、滇西边境山区、大兴安岭南麓山区、燕山—太行山区、吕梁山区、大别山区、罗霄山区等区域的集中连片特困地区和已明确实施特殊政策的西藏、四省藏区、南疆四地州，共计689个县。

> 森林生态系统定位观测研究站（简称"森林生态站"）是通过在典型森林地段，建立长期观测点与观测样地，对森林生态系统的组成、结构、生产力、养分循环、水循环和能量利用等在自然状态下或某些人为活动干扰下的动态变化格局与过程进行长期定位观测，阐明森林生态系统发生、发展和演替的内在机制和自身的动态平衡，以及参与生物地球化学循环过程的长期定位观测站点。

第一章 集中连片特困地区退耕还林工程生态连清体系

退耕还林工程生态效益监测站点分布，将中国森林生态系统定位观测研究网络（CFERN）所属的森林生态站与退耕还林工程生态效益专项监测站点位置叠加到各片区中，确保每个片区内至少有1~2个森林生态站、生态效益专项监测站或辅助观测点以及样地。本次集中连片特困地区退耕还林工程森林生态连清共选择32个生态效益专项监测站、59个森林生态站、以林业生态工程为观测目标的200多个辅助观测点和7000多块固定样地，借助生态效益监测与评估区划布局体系，可以满足集中连片特困地区退耕还林工程生态效益监测和科学研究需求。集中连片特困地区退耕还林工程生态效益监测站点分布如图1-2所示。

目前森林生态站、生态效益专项监测站以及辅助观测点在生态功能区的布局上能够充分体现区位优势和地域特色，兼顾了在国家、地方等层面的典型性和重要性，可以承担相关站点所属区域的退耕还林工程森林生态连清工作。

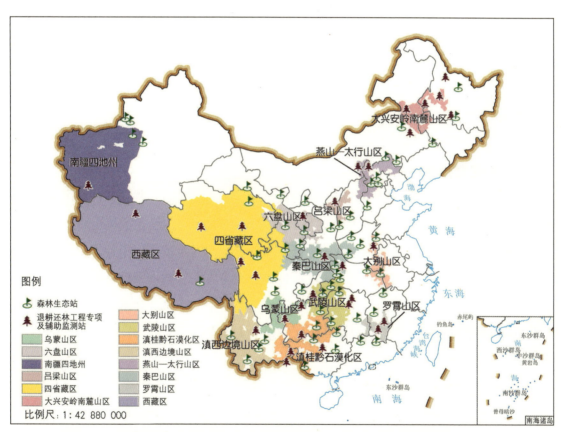

图1-2　集中连片特困地区各片区退耕还林工程生态效益监测站点分布

> 退耕还林工程生态效益专项监测站是指承担退耕还林工程生态效益监测任务的各类野外观测台站。通过定位监测、野外试验等手段，运用森林生态效益评价的原理和方法，通过退耕后林地的生态环境与退耕前农耕地、坡耕地的生态环境发生的变化作对比，对退耕还林工程的防风固沙、净化大气环境、固碳释氧、生物多样性保护、涵养水源、保育土壤和林木积累营养物质等功能进行评估。

1.1.2 观测站点建设

森林生态站与生态效益专项监测站作为集中连片特困地区退耕还林工程生态效益监测的两大平台，在建设时坚持"统一规划、统一布局、统一建设、统一规范、统一标准、资源整合、数据共享"的原则（王兵，2015）。

依据中华人民共和国林业行业标准《森林生态系统定位研究站建设技术要求》（LY/T 1626—2005）（国家林业局，2005），森林生态站和生态效益专项监测站的建设，涵盖了森林生态连清野外观测所需要的基础设施、观测设施和仪器设备的建设等。森林生态站都配有功能用房和辅助用房建设，综合实验楼包括数据分析室、资料室和化学分析实验室等。同时也包括观测用车、观测区道路、供水设施、供电设施、供暖设施、通信设施、标识牌、综合实验楼周围围墙和宽带网络等方面的建设。

森林生态站和生态效益专项监测站都建有地面气象观测场、林内气象观测场、测流堰、水量平衡场、坡面径流场、长期固定标准地和综合观测铁塔等基本观测设施。同时，按照中华人民共和国国标《森林生态系统长期定位观测指标体系》（GB/T 35377—2017）观测需要，各项指标的观测均配有相应符合规范的仪器设备，保证了数据的准确性、连续性、全面性和可用性。

1.1.3 观测标准体系

观测标准体系是退耕还林工程野外观测连清体系的技术支撑。集中连片特困地区退耕还林工程生态效益监测与评估所依据的标准体系如图1-3所示。包含了从退耕还林工程生态效益监测站点建设到观测指标、观测方法和数据管理，乃至数据应用各个阶段的标准。退耕还林工程生态效益监测站点建设、观测指标、观测方法、数据管理及数据应用的标准化，保证了不同站点所提供退耕还林工程生态连清数据集的准确性和可比性，为集中连片特困地区退耕还林工程生态效益监测与评估的顺利实施提供了保障。

1.1.4 观测数据采集传输

在集中连片特困地区退耕还林工程生态效益监测与评估中，数据是监测与评估的基础。为了加强管理，实现数据资源共享，森林生态站、退耕还林工程生态效益专项监测站及辅助观测点的数据采集严格按照中华人民共和国林业行业标准《森林生态系统定位站数据管理规范》（LY/T 1872—2010）（国家林业局，2010a）和《森林生态站数字化建设技术规范》（LY/T 1873—2010）（国家林业局，2010b），对各种数据的采集、传输、整理、计算、存档、质量控制和共享等进行了规范要求，按照同一标准进行观测数据的数字化采集和管理，实现了集中连片特困地区退耕还林工程生态效益监测与评估数据的自动化、数字化、网络化、智能化和可视化，充分利用云计算、物联网、大数据和移动互联网等新一

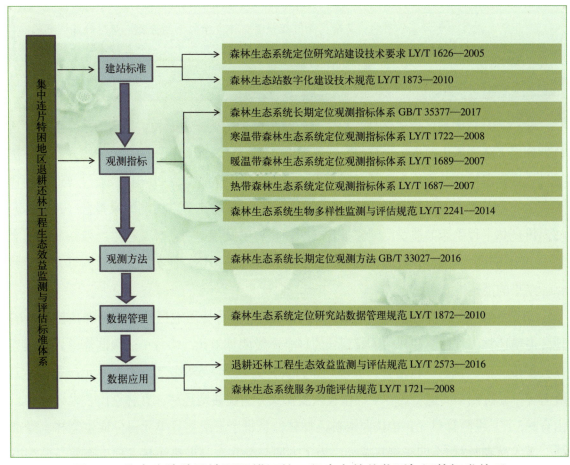

图1-3　集中连片特困地区退耕还林工程生态效益监测与评估标准体系

代数据技术，提高了集中连片特困地区退耕还林工程生态连清数据的可比性。

在生态站数字化建设方面，集中连片特困地区退耕还林工程生态效益监测站点在观测数据采集过程中使用了大量全自动采集系统，如自动气象站、自动流量计、树干径流测量系统等，采集的数据量增多、精度也大为提高。随着观测仪器自动化的提高，观测数据得以远程数据传输，为集中连片特困地区退耕还林工程生态效益监测与评估提供了观测数据采集及传输的基本保障。

1.2　集中连片特困地区退耕还林工程分布式测算评估体系

1.2.1　分布式测算方法

分布式测算体系是退耕还林工程生态连清体系的精度保证体系，可以解决森林生态系统结构复杂、森林类型较多、森林生态状况测算难度大、观测指标体系不统一和尺度转化困难的问题。

> 分布式测算源于计算机科学，是研究如何把一项整体复杂的问题分割成相对独立运算的单元，并将这些单元分配给多个计算机进行处理，最后将计算结果统一合并得出结论的一种计算科学。

集中连片特困地区退耕还林工程生态效益测算是一项非常庞大、复杂的系统工程，适合划分成多个均质化的生态测算单元开展评估（Niu et al., 2012）。因此，分布式测算方法是目前评估退耕还林工程生态效益所采用的较为科学有效的方法。并且，通过《退耕还林工程生态效益监测国家报告（2013）》《退耕还林工程生态效益监测国家报告（2014）》《退耕还林工程生态效益监测国家报告（2015）》以及《退耕还林工程生态效益监测国家报告（2016）》（国家林业局，2014，2015a，2016a，2018）证实，分布式测算方法能够保证结果的准确性及可靠性。

2017年按片区分布式测算方法为：①按照集中连片特困地区和实施特殊扶持政策的地区退耕还林工程监测和评估区域划分为14个一级测算单元；②每个一级测算单元按照县（县级市、区、特区、自治县、办事处和行委）共划分为689个二级测算单元；③每个二级测算单元按照不同退耕还林工程植被恢复模式分为退耕地还林、宜林荒山荒地造林和封山育林3个三级测算单元；④按照退耕还林林种将每个三级测算单元再分成生态林、经济林、灌木林和竹林4个四级测算单元，为了方便与前几次《退耕还林工程生态效益监测国家报告》评估结果进行比较，将竹林测算结果合并到生态林测算结果中。最后，结合不同立地条件的对比分析，确定35828个相对均质化的生态效益评估单元（图1-4）。

基于生态系统尺度的定位实测数据，运用遥感反演和模型模拟等技术手段，进行由点到面的数据尺度转换，将点上实测数据转换至面上测算数据，得到各生态效益评估单元的测算数据；以上均质化的单元数据累加的结果即为集中连片特困地区退耕还林工程评估区域生态效益测算结果。

1.2.2 测算评估指标体系

在满足代表性、全面性、简明性、可操作性以及适应性等原则的基础上，通过总结近年来的工作及研究结果，依据中华人民共和国林业行业标准《退耕还林工程生态效益监测与评估规范》（LY/T 2573—2016）（国家林业局，2016b），本次评估选取的测算评估指标体系包括涵养水源、保育土壤、固碳释氧、林木积累营养物质、净化大气环境、生物多样性保护和森林防护7类功能23项评估指标（图1-5）。降低噪音和降温增湿指标的测算评估方法尚未成熟，因此本报告未涉及该方面的评估。基于相同原因，在吸收污染物指标中不涉及吸收重金属的指标评估。

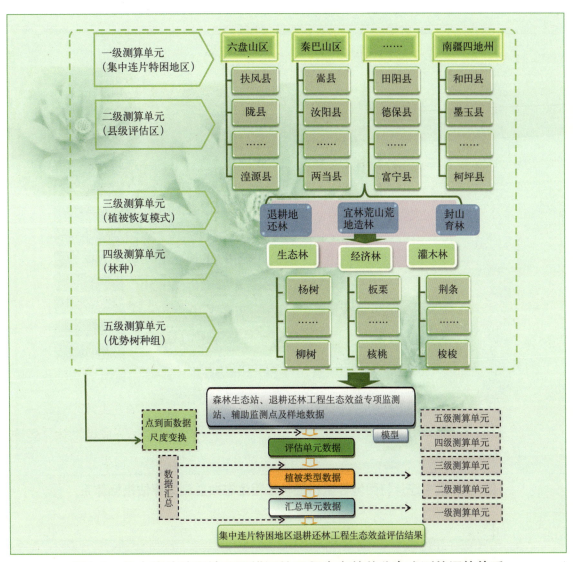

图1-4　集中连片特困地区退耕还林工程生态效益分布式测算评估体系

1.2.3 数据源耦合集成

集中连片特困地区退耕还林工程生态系统服务功能评估分为物质量和价值量两部分。物质量评估所需数据来源于集中连片特困地区退耕还林工程生态连清数据集和退耕还林工程资源连清数据集；价值量评估所需数据除以上两个来源外还包括社会公共数据集。

> 物质量评估主要是对生态系统提供服务的物质数量进行评估，即根据不同区域、不同生态系统的结构、功能和过程，从生态系统服务功能机制出发，利用适宜的定量方法确定生态系统服务功能的质量数量。物质量评估的特点是评价结果比较直观，能够比较客观地反映生态系统的生态过程，进而反映生态系统的可持续性。

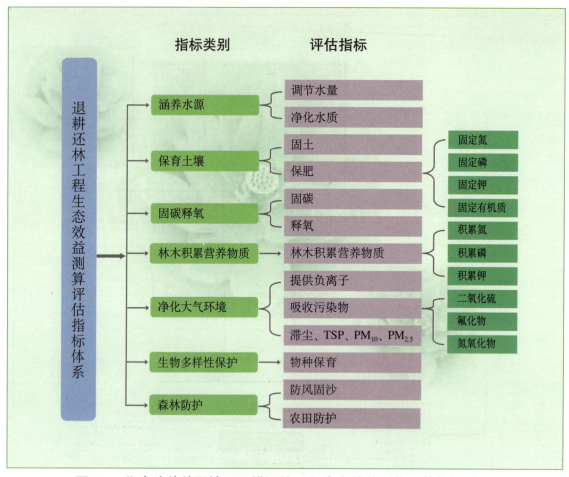

图1-5 集中连片特困地区退耕还林工程生态效益测算评估指标体系

> 价值量评估主要是利用一些经济学方法对生态系统提供的服务进行评价。价值量评估的特点是评价结果用货币量体现，既能将不同生态系统与一项生态系统服务进行比较，也能将某一生态系统的各单项服务综合起来。运用价值量评价方法得出的货币结果能引起人们对区域生态系统服务足够的重视。

（1）集中连片特困地区退耕还林工程生态连清数据集

集中连片特困地区退耕还林工程生态连清数据集来源于32个生态效益专项监测站、CFERN所属的59个森林生态站（图1-2）、200多个辅助观测点以及7000多块样地，依据中华人民共和国林业行业标准《退耕还林工程生态效益监测与评估规范》（LY/T 2573—2016）（国家林业局，2016b）、《森林生态系统服务功能评估规范》（LY/T 1721—2008）（国家林业局，2008）和《森林生态系统长期定位观测方法》（GB/T 33027—2016）（国家林业局，2016）等获取的集中连片特困地区退耕还林工程生态连清数据。

（2）集中连片特困地区退耕还林工程资源清查数据集

集中连片特困地区退耕还林工程资源清查工作主要由国家林业和草原局退耕还林（草）工程管理中心牵头，片区内各省退耕还林工程管理机构负责组织有关部门及其科技支撑单位，于每年3月前，将上一年本省的退耕还林工程三种植被恢复模式中各退耕还林树种营造面积和林龄等资源数据进行清查，最终整合上报至国家林业和草原局退耕还林（草）工程管理中心。

（3）社会公共数据集

集中连片特困地区退耕还林工程生态效益评估中所使用的社会公共数据主要采用我国权威机构公布的社会公共数据（附表4），分别来源于《关于加快建立完善城镇居民用水阶梯价格制度的指导意见》《中华人民共和国水利部水利建筑工程预算定额》、中国农业信息网（http://www.agri.cn/）、《中华人民共和国环境保护税法》等。

将上述三类数据源有机地耦合集成（图1-6），应用于一系列的评估公式中，即可获得集中连片特困地区退耕还林工程生态系统服务功能评估结果。

图1-6　集中连片特困地区退耕还林工程数据源耦合集成

1.2.4 森林生态功能修正系数集

森林生态系统服务功能价值量的合理测算对绿色国民经济核算具有重要意义，社会进步程度、经济发展水平和森林资源质量等对森林生态系统服务功能均会产生一定影响，而森林自身结构和功能状况则是体现森林生态系统服务功能可持续发展的基本前提。"修正"作为一种状态，表明系统各要素之间具有相对"融洽"的关系。当用现有的野外实测值不能代表同一生态单元同一目标林分类型的结构或功能时，就需要采用森林生态功能修正系数（Forest Ecological Function Correction Coefficient，简称$FEF\text{-}CC$）客观地从生态学精度的角度反映同一林分类型在同一区域的真实差异。其理论公式为：

$$FEF\text{-}CC = \frac{B_e}{B_o} = \frac{BEF \cdot V}{B_o} \qquad 1\text{-}1$$

公式中：

　　$FEF\text{-}CC$—森林生态功能修正系数；

　　B_e—评估林分的生物量（千克/立方米）；

　　B_o—实测林分的生物量（千克/立方米）；

　　BEF—蓄积量与生物量的转换因子；

　　V—评估林分的蓄积量（立方米）。

实测林分的生物量可以通过退耕还林工程生态连清的实测手段来获取，而评估林分的生物量在本次退耕还林工程资源连续清查中还未完全统计，但其蓄积量可以获取（附表1）。因此，通过评估林分蓄积量和生物量转换因子（BEF，附表2）或者评估林分的蓄积量、胸径和树高（附表3），测算评估林分的生物量（Fang et al., 2001）。

1.2.5 贴现率

集中连片特困地区退耕还林工程生态系统服务功能价值量评估中，由物质量转价值量时，部分价格参数并非评估年价格参数，因此，需要使用贴现率将非评估年价格参数换算为评估年份价格参数，以计算各项功能价值量的现价。本评估中所使用的贴现率指将未来现金收益折合成现在收益的比率。贴现率是一种存贷款均衡利率，利率的大小，主要根据金融市场利率来决定，其计算公式为：

$$t = (Dr + Lr)/2 \qquad 1\text{-}2$$

公式中：

　　t—存贷款均衡利率（%）；

　　Dr—银行的平均存款利率（%，附表7）；

　　Lr—银行的平均贷款利率（%，附表7）。

贴现率利用存贷款均衡利率，将非评估年份价格参数，逐年贴现至评估年2017—2018年的价格参数。贴现率的计算公式为：

$$d = (1 + t_{n+1})(1 + t_{n+2}) \cdots (1 + t_m) \quad \text{1-3}$$

公式中：
  d—贴现率；
  t—存贷款均衡利率（%）；
  n—价格参数可获得年份（年）；
  m—评估年年份（年）。

1.2.6 评估公式与模型包

集中连片特困地区退耕还林工程生态系统服务功能物质量评估主要是从物质量的角度对该区域退耕还林工程提供的各项生态服务功能进行定量评估；价值量评估是指从货币价值量的角度对该区域退耕还林工程提供的生态服务功能价值进行定量评估，在价值量评估中，主要采用等效替代原则，并用替代品的价格进行等效替代核算某项评估指标的价值量。同时，在具体选取替代品的价格时应遵守权重当量平衡原则，考虑计算所得的各评估指标价值量在总价值量中所占的权重，使其保证相对平衡。

> 等效替代法是当前生态环境效益经济评价中最普遍采用的一种方法，是生态系统功能物质量向价值量转化的过程中，在保证某评估指标生态功能相同的前提下，将实际的、复杂的的生态问题和生态过程转化为等效的、简单的、易于研究的问题和过程来估算生态系统各项功能价值量的研究和处理方法。

> 权重当量平衡原则是指生态系统服务功能价值量评估过程中，当选取某个替代品的价格进行等效替代核算某项评估指标的价值量时，应考虑计算所得的各评估指标价值量在总价值量中所占的权重，使其保持相对平衡。

1.2.6.1 涵养水源功能

涵养水源功能主要是指森林对降水的截留、吸收和贮存，将地表水转为地表径流或地下水的作用。主要功能表现在增加可利用水资源、净化水质和调节径流三个方面。本报告选定两个指标，即调节水量指标和净化水质指标，以反映该区域退耕还林工程的涵养水源功能。

(1) 调节水量指标

①年调节水量

集中连片特困地区退耕还林工程生态系统年调节水量公式为：

$$G_{调} = 10A \cdot (P - E - C) \cdot F \qquad 1\text{-}4$$

公式中：

$G_{调}$—实测林分年调节水量（立方米/年）；

P—实测林外降水量（毫米/年）；

E—实测林分蒸散量（毫米/年）；

C—实测地表快速径流量（毫米/年）；

A—林分面积（公顷）；

F—森林生态功能修正系数。

②年调节水量价值

由于森林对水量主要起调节作用，与水库的功能相似。因此，该区域退耕还林工程生态系统年调节水量价值根据水库工程的蓄水成本（替代工程法）来确定，采用如下公式计算：

$$U_{调} = 10C_{库} \cdot A \cdot (P - E - C) \cdot F \cdot d \qquad 1\text{-}5$$

公式中：

$U_{调}$—实测森林年调节水量价值（元/年）；

$C_{库}$—水库库容造价（元/吨，附表4）；

P—实测林外降水量（毫米/年）；

E—实测林分蒸散量（毫米/年）；

C—实测地表快速径流量（毫米/年）；

A—林分面积（公顷）；

F—森林生态功能修正系数；

d—贴现率。

(2) 净化水质指标

①年净化水量

集中连片特困地区退耕还林工程生态系统年净化水量采用年调节水量的公式：

$$G_{净} = 10A \cdot (P - E - C) \cdot F \qquad 1\text{-}6$$

公式中：

$G_{净}$—实测林分年净化水量（立方米/年）；

P—实测林外降水量（毫米/年）；

E—实测林分蒸散量（毫米/年）；

C—实测地表快速径流量（毫米/年）；

A—林分面积（公顷）；

F—森林生态功能修正系数。

②年净化水质价值

森林生态系统年净化水质价值根据集中连片特困地区水污染物应纳税额计算。《应税污染物和当量值表》中，每一排放口的应税水污染物按照污染当量数从大到小排序，对第一类水污染物按照前五项征收环境保护税；对其他类水污染物按照前三项征收环境保护税；对同一排放口中的化学需氧量、生化需氧量和总有机碳，只征收一项，按三者中污染当量数最高的一项收取（附表6）。采用如下公式计算：

$$U_{水质} = 10 K_{水质} \cdot A \cdot (P - E - C) \cdot F \cdot d \qquad 1\text{-}7$$

公式中：

$U_{水质}$—实测林分净化水质价值（元/年）；

$K_{水质}$—水污染物应纳税额（元/立方米）；

P—实测林外降水量（毫米/年）；

E—实测林分蒸散量（毫米/年）；

C—实测地表快速径流量（毫米/年）；

A—林分面积（公顷）；

F—森林生态功能修正系数；

d—贴现率。

$$K_{水} = (\rho_{大气降水} \cdot \rho_{径流}) / N_{水} \cdot K \qquad 1\text{-}8$$

公式中：

$\rho_{大气降水}$—大气降水中某一水污染物浓度（毫克/升）；

$\rho_{径流}$—森林地下径流中某一水污染物浓度（毫克/升）；

$N_{水}$—水污染物污染当量值（千克，附表6）；

K—税额（元，附表5）。

1.2.6.2 保育土壤功能

森林植被凭借强壮且成网状的根系截留大气降水，减少或免遭雨滴对土壤表层的直接冲击，有效地固持土体，降低了地表径流对土壤的冲蚀，使土壤流失量大大降低。而且退耕还林工程森林植被的生长发育及其代谢产物不断对土壤产生物理及化学影响，参与土体内部的能量转换与物质循环，使土壤肥力提高，森林植被是土壤养分的主要来源之一。为此，本报告选用两个指标：即固土指标和保肥指标，以反映该区域退耕还林工程森林植被保育土壤功能。

（1）固土指标

①年固土量

林分年固土量公式为：

$$G_{固土} = A \cdot (X_2 - X_1) \cdot F \qquad 1\text{-}9$$

公式中：

$G_{固土}$——实测林分年固土量（吨/年）；

X_1——退耕还林工程实施后土壤侵蚀模数［吨/（公顷·年）］；

X_2——退耕还林工程实施前土壤侵蚀模数［吨/（公顷·年）］；

A——林分面积（公顷）；

F——森林生态功能修正系数。

②年固土价值

由于土壤侵蚀流失的泥沙淤积于水库中，减少了水库蓄积水的体积，因此本报告根据蓄水成本（替代工程法）计算林分年固土价值，公式为：

$$U_{固土} = A \cdot C_{土} \cdot (X_2 - X_1) \cdot F / \rho \cdot d \qquad 1\text{-}10$$

公式中：

$U_{固土}$——实测林分年固土价值（元/年）；

X_1——退耕还林工程实施后土壤侵蚀模数［吨/（公顷·年）］；

X_2——退耕还林工程实施前土壤侵蚀模数［吨/（公顷·年）］；

$C_{土}$——挖取和运输单位体积土方所需费用（元/立方米，附表4）；

ρ——土壤容重（克/立方厘米）；

A——林分面积（公顷）；

F——森林生态功能修正系数；

d——贴现率。

（2）保肥指标

①年保肥量

$$G_N = A \cdot N \cdot (X_2 - X_1) \cdot F \qquad 1\text{-}11$$

$$G_P = A \cdot P \cdot (X_2 - X_1) \cdot F \qquad 1\text{-}12$$

$$G_K = A \cdot K \cdot (X_2 - X_1) \cdot F \qquad 1\text{-}13$$

$$G_{有机质} = A \cdot M \cdot (X_2 - X_1) \cdot F \qquad 1\text{-}14$$

公式中：

G_N—退耕还林工程森林植被固持土壤而减少的氮流失量（吨/年）；

G_P—退耕还林工程森林植被固持土壤而减少的磷流失量（吨/年）；

G_K—退耕还林工程森林植被固持土壤而减少的钾流失量（吨/年）；

$G_{有机质}$—退耕还林工程森林植被固持土壤而减少的有机质流失量（吨/年）；

X_1—退耕还林工程实施后土壤侵蚀模数［吨/（公顷·年）］；

X_2—退耕还林工程实施前土壤侵蚀模数［吨/（公顷·年）］；

N—退耕还林工程森林植被土壤平均含氮量（%）；

P—退耕还林工程森林植被土壤平均含磷量（%）；

K—退耕还林工程森林植被土壤平均含钾量（%）；

M—退耕还林工程森林植被土壤平均有机质含量（%）；

A—林分面积（公顷）；

F—森林生态功能修正系数。

②年保肥价值

年固土量中氮、磷、钾的物质量换算成化肥价值即为林分年保肥价值。本报告的林分年保肥价值以固土量中的氮、磷、钾数量折合成磷酸二铵化肥和氯化钾化肥的价值来体现。公式为：

$$U_{肥} = A \cdot (X_2 - X_1) \cdot \left(\frac{N \cdot C_1}{R_1} + \frac{P \cdot C_1}{R_2} + \frac{K \cdot C_2}{R_3} + MC_3 \right) \cdot F \cdot d \qquad 1\text{-}15$$

公式中：

$U_{肥}$—实测林分年保肥价值（元/年）；

X_1—退耕还林工程实施后土壤侵蚀模数［吨/（公顷·年）］；

X_2—退耕还林工程实施前土壤侵蚀模数［吨/（公顷·年）］；

N—退耕还林工程森林植被土壤平均含氮量（%）；

P—退耕还林工程森林植被土壤平均含磷量（%）；

K—退耕还林工程森林植被土壤平均含钾量（%）；

M—退耕还林工程森林植被土壤平均有机质含量（%）；

R_1—磷酸二铵化肥含氮量（%）；

R_2—磷酸二铵化肥含磷量（%）；

R_3—氯化钾化肥含钾量（%）；

C_1—磷酸二铵化肥价格（元/吨，附表4）；

C_2—氯化钾化肥价格（元/吨，附表4）；

C_3—有机质价格（元/吨，附表4）；

A—林分面积（公顷）；

F—森林生态功能修正系数；

d—贴现率。

1.2.6.3 固碳释氧功能

森林植被与大气的物质交换主要是二氧化碳与氧气的交换，这对维持大气中的二氧化碳和氧气动态平衡、减少温室效应，以及为人类提供生存的基础都有巨大的、不可替代的作用。为此，本报告选用固碳、释氧两个指标反映退耕还林工程固碳释氧功能。根据光合作用化学反应式，森林植被每积累1.00克干物质，可以吸收固定1.63克二氧化碳，释放1.19克氧气。

（1）固碳指标

①植被和土壤年固碳量

$$G_{碳} = A \cdot (1.63 R_{碳} B_{年} + F_{土壤碳}) \cdot F \qquad 1\text{-}16$$

公式中：

$G_{碳}$—实测年固碳量（吨/年）；

$B_{年}$—实测林分年净生产力［吨/（公顷·年）］；

$F_{土壤碳}$—单位面积林分土壤年固碳量［吨/（公顷·年）］；

$R_{碳}$—二氧化碳中碳的含量，为27.27%；

A—林分面积（公顷）；

F—森林生态功能修正系数。

公式得出退耕还林工程森林植被的潜在年固碳量，再从其中减去由于林木消耗造成的碳量损失，即为退耕还林工程森林植被的实际年固碳量。

②年固碳价值

鉴于我国实施温室气体排放税收制度，并对二氧化碳的排放征税。因此，采用中国碳交易市场碳税价格加权平均值进行评估。退耕还林工程植被和土壤年固碳价值的计算公式为：

$$U_{碳} = A \cdot C_{碳} \cdot (1.63 R_{碳} B_{年} + F_{土壤碳}) \cdot F \cdot d \qquad 1\text{-}17$$

公式中：

$U_{碳}$—实测林分年固碳价值（元/年）；

$B_{年}$—实测林分年净生产力[吨/（公顷·年）]；

$F_{土壤碳}$—单位面积森林土壤年固碳量[吨/（公顷·年）]；

$C_{碳}$—固碳价格（元/吨，附表4）；

$R_{碳}$—二氧化碳中碳的含量，为27.27%；

A—林分面积（公顷）；

F—森林生态功能修正系数；

d—贴现率。

公式得出退耕还林工程森林植被的潜在年固碳价值，再从其中减去由于林木消耗造成的碳量损失，即为退耕还林工程森林植被的实际年固碳价值。

（2）释氧指标

①年释氧量

$$G_{氧气} = 1.19 A \cdot B_{年} \cdot F \qquad 1\text{-}18$$

公式中：

$G_{氧气}$—实测林分年释氧量（吨/年）；

$B_{年}$—实测林分年净生产力[吨/（公顷·年）]；

A—林分面积（公顷）；

F—森林生态功能修正系数。

②年释氧价值

价值量的评估属经济的范畴，是市场化、货币化的体现。因此，本报告采用国家权威部门公布的氧气商品价格计算退耕还林工程森林植被的年释氧价值。计算公式为：

$$U_{氧} = 1.19 C_{氧} \cdot A \cdot B_{年} \cdot F \cdot d \qquad 1\text{-}19$$

公式中：

$U_{氧}$—实测林分年释氧价值（元/年）；

$B_{年}$—实测林分年净生产力[吨/（公顷·年）]；

$C_{氧}$—制造氧气的价格（元/吨，附表4）；

A—林分面积（公顷）；

F—森林生态功能修正系数；

d—贴现率。

1.2.6.4 林木积累营养物质功能

森林植被不断从周围环境吸收营养物质固定在植物体中,成为全球生物化学循环不可缺少的环节。本次评价选用林木积累氮、磷、钾指标来反映退耕还林工程林木积累营养物质功能。

(1) 林木年营养物质积累量

$$G_{氮} = A \cdot N_{营养} \cdot B_{年} \cdot F \qquad 1\text{-}20$$

$$G_{磷} = A \cdot P_{营养} \cdot B_{年} \cdot F \qquad 1\text{-}21$$

$$G_{钾} = A \cdot K_{营养} \cdot B_{年} \cdot F \qquad 1\text{-}22$$

公式中:

$G_{氮}$——植被固氮量(吨/年);

$G_{磷}$——植被固磷量(吨/年);

$G_{钾}$——植被固钾量(吨/年);

$N_{营养}$——林木氮元素含量(%);

$P_{营养}$——林木磷元素含量(%);

$K_{营养}$——林木钾元素含量(%);

$B_{年}$——实测林分年净生产力[吨/(公顷·年)];

A——林分面积(公顷);

F——森林生态功能修正系数。

(2) 林木年营养物质积累价值

采取把营养物质折合成磷酸二铵化肥和氯化钾化肥方法计算林木营养物质积累价值,公式为:

$$U_{营养} = A \cdot B_{年} \cdot \left(\frac{N_{营养} \cdot C_1}{R_1} + \frac{P_{营养} \cdot C_1}{R_2} + \frac{K_{营养} \cdot C_2}{R_3} \right) \cdot F \cdot d \qquad 1\text{-}23$$

公式中:

$U_{营养}$——实测林分氮、磷、钾年增加价值(元/年);

$N_{营养}$——实测林木含氮量(%);

$P_{营养}$——实测林木含磷量(%);

$K_{营养}$——实测林木含钾量(%);

R_1——磷酸二铵含氮量(%);

R_2——磷酸二铵含磷量(%);

R_3——氯化钾含钾量(%);

C_1——磷酸二铵化肥价格(元/吨,附表4);

C_2—氯化钾化肥价格（元/吨，附表4）；

$B_年$—实测林分年净生产力 [吨/（公顷·年）]；

A—林分面积（公顷）；

F—森林生态功能修正系数；

d—贴现率。

1.2.6.5 净化大气环境功能

近年雾霾天气频繁、大范围出现，使空气质量状况成为民众和政府部门关注的焦点，大气颗粒物（如TSP、PM_{10}、$PM_{2.5}$）被认为是造成雾霾天气的罪魁。特别$PM_{2.5}$更是由于其对人体健康的严重威胁，成为人们关注的热点。如何控制大气污染、改善空气质量成为众多科学家研究的热点（王兵等，2015；张维康等，2015；Zhang et al.，2015）。

> 森林释放负离子是指森林的树冠、枝叶的尖端放电以及光合作用过程的光电效应促使空气电解，产生空气负离子，同时森林植被释放的挥发性物质如植物精气（又叫芬多精）等也能促进空气电离，增加空气负离子浓度。

退耕还林工程恢复植被同样能有效吸收有害气体、滞纳粉尘、提供负离子、降低噪音、降温增湿等，从而起到净化大气环境的作用。为此，本报告选取提供负离子、吸收污染物、滞纳TSP、PM_{10}、$PM_{2.5}$等指标反映森林植被净化大气环境能力。

> 森林滞纳空气颗粒物是指由于森林增加地表粗糙度，降低风速，从而提高空气颗粒物的沉降几率，同时，植物叶片结构特征的理化特性为颗粒物的附着提供了有利的条件；此外，枝、叶、茎还能够通过气孔和皮孔滞纳空气颗粒物。

（1）提供负离子指标

①年提供负离子量

$$G_{负离子} = 5.256 \times 10^{15} \cdot Q_{负离子} \cdot A \cdot H \cdot F / L \qquad 1\text{-}24$$

公式中：

$G_{负离子}$—实测林分年提供负离子个数（个/年）；

$Q_{负离子}$—实测林分负离子浓度（个/立方厘米）；

H—林分高度（米）；

L—负离子寿命（分钟）；

A—林分面积（公顷）；

F—森林生态功能修正系数。

②年提供负离子价值

国内外研究证明，当空气中负离子达到600个/立方厘米以上时，才能有益于人体健康，所以林分年提供负离子价值采用如下公式计算：

$$U_{负离子} = 5.256 \times 10^{15} \cdot A \cdot H \cdot K_{负离子} \cdot (Q_{负离子} - 600) \cdot F / L \cdot d \qquad 1\text{-}25$$

公式中：

$U_{负离子}$—实测林分年提供负离子价值（元/年）；

$K_{负离子}$—负离子生产费用（元/个，附表4）；

$Q_{负离子}$—实测林分负离子浓度（个/立方厘米）；

L—负离子寿命（分钟）；

H—林分高度（米）；

A—林分面积（公顷）；

F—森林生态功能修正系数；

d—贴现率。

(2) 吸收污染物指标

二氧化硫、氟化物和氮氧化物是大气污染物的主要物质。因此，本报告选取退耕还林工程森林植被吸收二氧化硫、氟化物和氮氧化物三个指标评估森林植被吸收污染物的能力。退耕还林工程森林植被对二氧化硫、氟化物和氮氧化物的吸收，可使用面积—吸收能力法、阈值法、叶干质量估算法等。本报告采用面积—吸收能力法评估退耕还林工程森林植被吸收污染物的总量和价值。

①吸收二氧化硫

a.二氧化硫年吸收量

$$G_{二氧化硫} = Q_{二氧化硫} \cdot A \cdot F / 1000 \qquad 1\text{-}26$$

公式中：

$G_{二氧化硫}$—实测林分年吸收二氧化硫量（吨/年）；

$Q_{二氧化硫}$—单位面积实测林分年吸收二氧化硫量[千克/（公顷·年）]；

A—林分面积（公顷）；

F—森林生态功能修正系数。

b.年吸收二氧化硫价值

$$U_{二氧化硫} = Q_{二氧化硫} / N_{二氧化硫} \cdot K \cdot A \cdot F d \qquad 1\text{-}27$$

公式中：

$U_{二氧化硫}$—实测林分年吸收二氧化硫价值（元/年）；

$Q_{二氧化硫}$—单位面积实测林分年吸收二氧化硫量［千克/（公顷·年）］；

$N_{二氧化硫}$—二氧化硫污染当量值（千克，附表6）；

K—税额（元，附表5）；

A—林分面积（公顷）；

F—森林生态功能修正系数；

d—贴现率。

②吸收氟化物

a.氟化物年吸收量

$$G_{氟化物} = Q_{氟化物} \cdot A \cdot F / 1000 \quad\quad 1\text{-}28$$

公式中：

$G_{氟化物}$—实测林分年吸收氟化物量（吨/年）；

$Q_{氟化物}$—单位面积实测林分年吸收氟化物量［千克/（公顷·年）］；

A—林分面积（公顷）；

F—森林生态功能修正系数。

b.年吸收氟化物价值

$$U_{氟化物} = Q_{氟化物} / N_{氟化物} \cdot K \cdot A \cdot F \cdot d \quad\quad 1\text{-}29$$

公式中：

$U_{氟化物}$—实测林分年吸收氟化物价值（元/年）；

$Q_{氟化物}$—单位面积实测林分年吸收氟化物量［千克/（公顷·年）］；

$N_{氟化物}$—氟化物污染当量值（千克，附表6）；

K—税额（元，附表5）；

A—林分面积（公顷）；

F—森林生态功能修正系数；

d—贴现率。

③吸收氮氧化物

a.氮氧化物年吸收量

$$G_{氮氧化物} = Q_{氮氧化物} \cdot A \cdot F / 1000 \quad\quad 1\text{-}30$$

公式中：

$G_{氮氧化物}$—实测林分年吸收氮氧化物量（吨/年）；

$Q_{氮氧化物}$—单位面积实测林分年吸收氮氧化物量[千克/（公顷·年）]；

A—林分面积（公顷）；

F—森林生态功能修正系数。

b.年吸收氮氧化物价值

$$U_{氮氧化物} = Q_{氮氧化物} / N_{氮氧化物} \cdot K \cdot A \cdot F \cdot d \qquad 1\text{-}31$$

公式中：

$U_{氮氧化物}$—实测林分年吸收氮氧化物价值（元/年）；

$Q_{氮氧化物}$—单位面积实测林分年吸收氮氧化物量[千克/（公顷·年）]；

$N_{氮氧化物}$—氮氧化物污染当量值（千克，附表6）；

K—税额（元，附表5）；

A—林分面积（公顷）；

F—森林生态功能修正系数；

d—贴现率。

(3) 滞尘指标

鉴于近年来人们对TSP、PM_{10}和$PM_{2.5}$的关注，本报告在评估总滞尘量及其价值的基础上，将TSP、PM_{10}和$PM_{2.5}$从总滞尘量中分离出来进行了单独的物质量和价值量核算。

①年总滞尘量

$$G_{滞尘} = Q_{滞尘} \cdot A \cdot F / 1000 \qquad 1\text{-}32$$

公式中：

$G_{滞尘}$—实测林分年滞尘量（吨/年）；

$Q_{滞尘}$—单位面积实测林分年滞尘量[千克/（公顷·年）]；

A—林分面积（公顷）；

F—森林生态功能修正系数。

②年滞尘总价值

本报告使用应税污染物法计算PM_{10}和$PM_{2.5}$的价值。其中，PM_{10}和$PM_{2.5}$采用炭黑尘（粒径0.4~1微米）污染当量值，结合应税额度进行核算。林分滞纳其余颗粒物的价值采用一般性粉尘（粒径<75微米）污染当量值，结合应税额度进行核算。

$$U_{滞尘} = (Q_{滞尘} - Q_{PM_{10}} - Q_{PM_{2.5}}) / N_{一般性粉尘} \cdot K \cdot A \cdot F \cdot d + U_{PM_{10}} + U_{PM_{2.5}} \quad \text{1-33}$$

公式中：

$U_{滞尘}$—实测林分年滞尘价值（元/年）；

$Q_{滞尘}$—单位面积实测林分年滞尘量[千克/（公顷·年）]；

$Q_{PM_{10}}$—单位面积实测林分年滞纳PM_{10}的量[千克/（公顷·年）]；

$Q_{PM_{2.5}}$—单位面积实测林分年滞纳$PM_{2.5}$的量[千克/（公顷·年）]；

$N_{一般性粉尘}$—一般性粉尘污染当量值（千克，附表6）；

K—税额（元，附表5）；

A—林分面积（公顷）；

F—森林生态功能修正系数；

$U_{PM_{10}}$—林分年滞纳PM_{10}的价值（元/年）；

$U_{PM_{2.5}}$—林分年滞纳$PM_{2.5}$的价值（元/年）；

d—贴现率。

（4）TSP指标

鉴于近年来人们对PM_{10}和$PM_{2.5}$的关注，本报告在评估TSP及其价值的基础上，将PM_{10}和$PM_{2.5}$进行了单独的物质量和价值量核算。

①年总滞纳TSP量

$$G_{TSP} = Q_{TSP} \cdot A \cdot F / 1000 \quad \text{1-34}$$

公式中：

G_{TSP}—实测林分年滞纳TSP的量（吨/年）；

Q_{TSP}—单位面积实测林分年滞纳TSP的量[千克/（公顷·年）]；

A—林分面积（公顷）；

F—森林生态功能修正系数。

②年滞纳TSP总价值

$$U_{TSP} = [(G_{TSP} - G_{PM_{10}} - G_{PM_{2.5}})] / N_{一般性粉尘} \cdot K \cdot A \cdot F \cdot d + U_{PM_{10}} + U_{PM_{2.5}} \quad \text{1-35}$$

公式中：

U_{TSP}—实测林分年滞纳TSP的价值（元/年）；

G_{TSP}—实测林分年滞纳TSP的量（吨/年）；

$G_{PM_{10}}$—实测林分年滞纳PM_{10}的量（千克/年）；

$G_{PM_{2.5}}$—实测林分年滞纳$PM_{2.5}$的量(千克/年);

$U_{PM_{10}}$—实测林分年滞纳PM_{10}的价值(元/年);

$U_{PM_{2.5}}$—实测林分年滞纳$PM_{2.5}$的价值(元/年);

$N_{一般性粉尘}$—一般性粉尘污染当量值(千克,附表6);

K—税额(元,附表5);

A—林分面积(公顷);

F—森林生态功能修正系数;

d—贴现率。

(5) 滞纳PM_{10}

①年滞纳PM_{10}量

$$G_{PM_{10}} = 10 \cdot Q_{PM_{10}} \cdot A \cdot n \cdot F \cdot LAI \qquad 1\text{-}36$$

公式中:

$G_{PM_{10}}$—实测林分年滞纳PM_{10}的量(千克/年);

$Q_{PM_{10}}$—实测林分单位叶面积滞纳PM_{10}的量(克/平方米);

A—林分面积(公顷);

n—年洗脱次数;

F—森林生态功能修正系数;

LAI—叶面积指数。

②年滞纳PM_{10}价值

$$U_{PM_{10}} = 10 \cdot Q_{PM_{10}} / N_{炭黑尘} \cdot K \cdot A \cdot n \cdot F + LAI \cdot d \qquad 1\text{-}37$$

公式中:

$U_{PM_{10}}$—实测林分年滞纳PM_{10}的价值(元/年);

$Q_{PM_{10}}$—实测林分单位叶面积滞纳PM_{10}的量(克/平方米);

$N_{炭黑尘}$—炭黑尘污染当量值(千克,附表6);

K—税额(元,附表5);

A—林分面积(公顷);

F—森林生态功能修正系数;

n—年洗脱次数;

LAI—叶面积指数;

d—贴现率。

(6) 滞纳PM$_{2.5}$

①年滞纳PM$_{2.5}$量

$$G_{PM2.5} = 10 \cdot Q_{PM2.5} \cdot A \cdot n \cdot F + LAI \quad \quad 1\text{-}38$$

公式中：

$G_{PM2.5}$——实测林分年滞纳PM$_{2.5}$的量（千克/年）；

$Q_{PM2.5}$——实测林分单位叶面积滞纳PM$_{2.5}$的量（克/平方米）；

A——林分面积（公顷）；

n——年洗脱次数；

F——森林生态功能修正系数；

LAI——叶面积指数。

②年滞纳PM$_{2.5}$价值

$$G_{PM2.5} = 10 \cdot Q_{PM2.5} / N_{炭黑尘} \cdot K \cdot A \cdot n \cdot F + LAI \cdot d \quad \quad 1\text{-}39$$

公式中：

$G_{PM2.5}$——实测林分年滞纳PM$_{2.5}$的价值（元/年）；

$Q_{PM2.5}$——实测林分单位叶面积滞纳PM$_{2.5}$的量（克/平方米）；

$N_{炭黑尘}$——炭黑尘污染当量值（千克，附表6）；

K——税额（元，附表5）；

A——林分面积（公顷）；

F——森林生态功能修正系数；

n——年洗脱次数；

LAI——叶面积指数；

d——贴现率。

1.2.6.6 生物多样性保护功能

生物多样性维护了自然界的生态平衡，并为人类的生存提供了良好的环境条件。生物多样性是生态系统不可缺少的组成部分，对生态系统服务的发挥具有十分重要的作用。Shannon-Wiener指数是反映森林中物种的丰富度和分布均匀程度的经典指标。传统Shannon-Wiener指数对生物多样性保护等级的界定不够全面。本报告采用濒危指数、特有种指数及古树年龄指数进行生物多样性保护功能评估，其中濒危指数和特有种指数主要针对封山育林。

生物多样性保护功能评估公式如下：

$$U_{总} = \left(1 + 0.1\sum_{m=1}^{x} E_m + 0.1\sum_{n=1}^{y} B_n + 0.1\sum_{r=1}^{z} O_r\right) \cdot S_I \cdot A \cdot d \quad \text{1-40}$$

公式中：

$U_{总}$—实测林分年生物多样性保护价值（元/年）；

E_m—实测林分或区域内物种m的濒危分值（表1-1）；

B_n—实测林分或区域内物种n的特有种（表1-2）；

O_r—实测林分（或区域）内物种r的古树年龄指数（表1-3）；

x—计算濒危指数物种数量；

y—计算特有种指数物种数量；

z—计算古树年龄指数物种数量；

S_I—单位面积物种多样性保护价值量[元/（公顷·年）]；

A—林分面积（公顷）；

d—贴现率。

本报告根据Shannon-Wiener指数计算生物多样性价值，共划分7个等级：

当指数＜1时，S_I为3000元/（公顷·年）；

当1≤指数＜2时，S_I为5000元/（公顷·年）；

当2≤指数＜3时，S_I为10000元/（公顷·年）；

当3≤指数＜4时，S_I为20000元/（公顷·年）；

当4≤指数＜5时，S_I为30000元/（公顷·年）；

当5≤指数＜6时，S_I为40000元/（公顷·年）；

当指数≥6时，S_I为50000元/（公顷·年）。

表1-1 特有种指数体系

特有种指数	分布范围
4	仅限于范围不大的山峰或特殊的自然地理环境下分布
3	仅限于某些较大的自然地理环境下分布的类群，如仅分布于较大的海岛（岛屿）、高原、若干个山脉等
2	仅限于某个大陆分布的分类群
1	至少在2个大陆都有分布的分类群
0	世界广布的分类群

注：参见《植物特有现象的量化》（苏志尧，1999）；特有种指数主要针对封山育林。

表1-2 濒危指数体系

濒危指数	濒危等级	物种种类
4	极危	
3	濒危	参见《中国物种红色名录（第一卷）：红色名录》
2	易危	
1	近危	

注：物种濒危指数主要针对封山育林。

表1-3 古树年龄指数体系

古树年龄	指数等级	来源及依据
100～299年	1	
300～499年	2	参见国家林业和草原局文件《关于开展古树名木普查建档工作的通知》
≥500年	3	

1.2.6.7 森林防护功能

植被根系能够固定土壤，改善土壤结构，降低土壤的裸露程度；植被地上部分能够增加地表粗糙程度，降低风速，阻截风沙。地上地下的共同作用能够减弱风的强度和携沙能力，减少因风蚀导致的土壤流失和风沙危害。

（1）防风固沙量

$$G_{防风固沙} = A_{防风固沙} \cdot (Y_2 - Y_1) \cdot F \quad \quad 1\text{-}41$$

公式中：

$G_{防风固沙}$——森林防风固沙物质量（吨/年）；

Y_1——退耕还林工程实施后林地风蚀模数 [吨/（公顷·年）]；

Y_2——退耕还林工程实施前林地风蚀模数 [吨/（公顷·年）]；

$A_{防风固沙}$——防风固沙林面积（公顷）；

F——森林生态功能修正系数。

（2）防风固沙价值

$$U_{防风固沙} = K_{防风固沙} \cdot A_{防风固沙} \cdot (Y_2 - Y_1) \cdot F \cdot d \quad \quad 1\text{-}42$$

公式中：

$U_{防风固沙}$——森林防风固沙价值量（元）；

$K_{防风固沙}$——草方格固沙成本（元/吨，附表4）；

Y_1——退耕还林工程实施后林地风蚀模数[吨/（公顷·年）]；

Y_2——退耕还林工程实施前林地风蚀模数[吨/（公顷·年）]；

$A_{防风固沙}$——防风固沙林面积（公顷）；

F——森林生态功能修正系数；

d——贴现率。

（3）农田防护价值

$$U_a = V \cdot M \cdot K \qquad 1\text{-}43$$

公式中：

U_a——实测林分农田防护功能的价值量（元/年）；

V——稻谷价格（元/千克，附表4）；

M——农作物、牧草平均增产量（千克/年）；

K——平均1公顷农田防护林能够实现农田防护面积为19公顷，取值为19。

1.2.6.8 退耕还林工程生态效益总价值评估

集中连片特困地区退耕还林工程生态效益总价值为上述分项之和，公式为：

$$U_I = \sum_{i=1}^{15} U_i \qquad 1\text{-}44$$

公式中：

U_I——退耕还林工程生态效益总价值（元/年）；

U_i——退耕还林工程生态效益各分项年价值（元/年）。

第二章
集中连片特困地区退耕还林工程植被恢复的空间格局

2.1 退耕还林工程不同模式恢复的空间格局

退耕还林工程从保护和改善生态环境出发,将易造成水土流失的坡耕地有计划、分步骤地停止耕种,本着宜乔则乔、宜灌则灌、宜草则草和乔灌草结合的原则,因地制宜造林种草,恢复林草植被。退耕还林工程自1999年启动以来,经历了试点示范、大规模推进、结构性调整、延续期和新一轮退耕还林五个阶段(表2-1),工程建设实施情况较为顺利,并取得了较为显著的成效。

表2-1 全国退耕还林工程不同阶段划分

阶段	时间	特点
试点示范	1999—2001年	试点从3个省增加到20个省(自治区、直辖市)和新疆生产建设兵团
大规模推进	2002—2003年	全面启动,扩大退耕还林规模,加快退耕还林的进程
结构性调整	2004—2005年	结构性、适应性调整,加大荒山荒地造林的比重,增加封山育林的建设内容
延续期	2006—2013年	巩固成果、确保质量、完善政策、稳步推进
新一轮退耕	2014年至今	水土流失和风沙危害仍是现阶段突出的生态问题,实施新一轮的退耕还林

集中连片特困地区是《中国农村扶贫开发纲要(2011—2020年)》(中共中央和国务院,2011)提出的国家扶贫攻坚的主战场。集中连片特困地区分布在黄土高原和青藏高原大部分地区、内蒙古高原的部分地区、几个大沙漠边缘地区以及南方的一些石漠化地区,这些区域由于地理位置偏远、自然条件恶劣、经济基础薄弱、基础设施和基本公共服务欠

缺、政策环境匮乏、人力资本缺乏等因素，在客观上造成了连片地区的贫困面貌，是"精准扶贫"的重大障碍。

根据《"十三五"脱贫攻坚规划》（国发〔2016〕64号）集中连片特困地区扶贫攻坚新方略中，"精准扶贫"问题并不是简单的经济问题，它还叠加了生态、文化问题。集中连片特困地区往往生态环境恶劣，自然资源紧张或是人口数量超过了自然环境所能承载的范围，造成人地关系紧张。对于贫困地区的扶贫问题进行研究和探讨时，不能忽略生态环境和外部环境对贫困地区经济发展的影响。扶贫攻坚应包含开展退耕还林、退耕还草工程，加大生态环境保护修复力度等生态扶贫工作。以六盘山区为例，天水市6个贫困县区在580个贫困村安排退耕还林6.2万亩，营造苹果、核桃等经济林果4.5万亩；临夏州各县区以经济林为主，生态林为辅，主要种植核桃、花椒、啤特果等，助推少数民族群众脱贫致富等。

2014年，经云南省政府批准的《云南省新一轮退耕还林还草工程实施方案（2014—2020年）》开始实施，将滇西边境山区、乌蒙山区、迪庆藏区、石漠化地区等贫困地区纳入优先实施范围；2015年1月12日，四川省人民政府办公厅以川办发〔2015〕4号印发《关于实施新一轮退耕还林还草的意见》，将秦巴山区、乌蒙山区等集中连片特困地区作为新一轮退耕还林还草工程实施的重点区域，等等。

2015年底，经国务院批准，财政部、国家发改委、国家林业局、国土资源部、农业部、水利部、环境保护部和国务院扶贫办等八部委联合下发《关于扩大新一轮退耕还林还草规模的通知》，决定扩大新一轮退耕还林还草规模。《通知》要求从2016年起，国家有关部门在安排新一轮退耕还林还草任务时，重点向扶贫开发任务重、贫困人口较多的省倾斜。各有关省在具体落实时，要进一步向贫困地区集中，向建档立卡贫困村、贫困人口倾斜，充分发挥退耕还林还草政策的扶贫作用，加快贫困地区脱贫致富。自此，各省普遍将集中连片特困地区作为新一轮退耕还林还草工程实施的重点区域。以贵州省为例，新一轮退耕还林工程启动以来，贵州省八成退耕还林面积向武陵山区、乌蒙山区和滇黔桂石漠化山区等三大集中连片特困地区倾斜，惠及数十万贫困人口。

截至2017年底，全国11个集中连片特困地区和3个实施特殊扶持政策的地区退耕还林工程面积达到1256.94万公顷（图2-1，表2-2），其中退耕地还林面积572.44万公顷，宜林荒山荒地造林面积582.97万公顷，封山育林面积101.53万公顷，退耕还林工程三种植被恢复模式面积比例见图2-2。

根据集中连片特困地区的总体规划，表2-2各片区的不同植被恢复模式所占比例总体表现基本一致。但是由于各片区的立地条件差异较大，不同片区的不同植被恢复模式所占比例存在明显差异。退耕还林工程三种植被恢复模式空间分布见图2-3至图2-5。

第二章 集中连片特困地区退耕还林工程植被恢复的空间格局

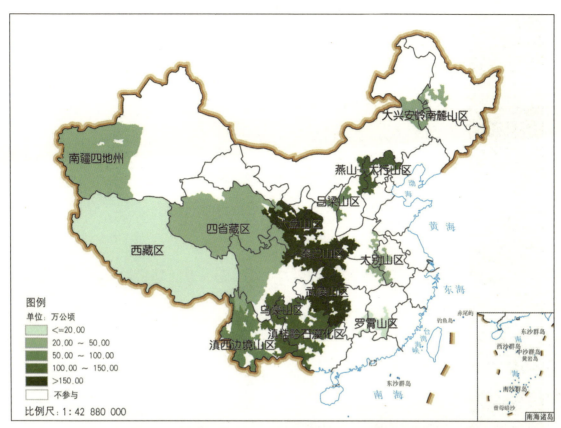

图2-1 集中连片特困地区各片区退耕还林工程植被恢复空间分布

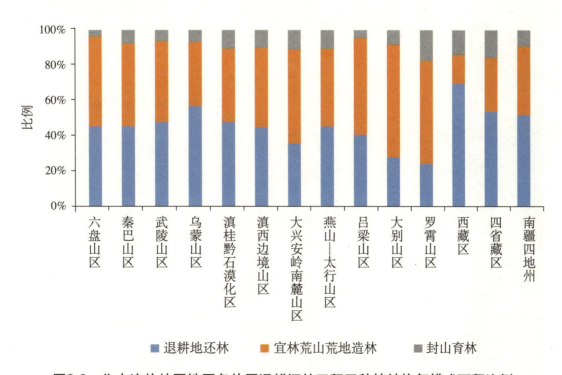

图2-2 集中连片特困地区各片区退耕还林工程三种植被恢复模式面积比例

表2-2 截至2017年集中连片特困地区退耕还林工程实施情况

集中连片特困地区	总面积（万公顷）	三种植被恢复模式			三个林种		
		退耕地还林（万公顷）	宜林荒山荒地造林（万公顷）	封山育林（万公顷）	生态林（万公顷）	经济林（万公顷）	灌木林（万公顷）
六盘山区	203.56	91.47	103.78	8.31	115.68	9.55	78.33
秦巴山区	223.55	101.26	104.79	17.5	160.01	56.3	7.24
武陵山区	169.86	80.18	78.2	11.48	142.04	25.11	2.71
乌蒙山区	103.4	58.5	37.82	7.08	78.03	22.6	2.77
滇桂黔石漠化区	134.19	63.28	56.73	14.18	89.2	32.92	12.07
滇西边境山区	81.17	36.05	36.8	8.32	51.35	24.79	5.03
大兴安岭南麓山区	40.34	14.3	21.49	4.55	25.18	0.55	14.61
燕山—太行山区	111.16	50.04	49.05	12.07	60.08	8.4	42.68
吕梁山区	65.06	26.18	35.77	3.11	35.3	9.32	20.44
大别山区	36.4	9.97	23.4	3.03	29.26	6.33	0.81
罗霄山区	19.8	4.66	11.74	3.4	18.25	1.42	0.13
西藏区	3.65	2.53	0.61	0.51	2.4	0.32	0.93
四省藏区	30.69	16.46	9.42	4.81	20.32	3.74	6.63
南疆四地州	34.11	17.56	13.37	3.18	12.69	11.37	10.05
总计	1256.94	572.44	582.97	101.53	839.79	212.72	204.43

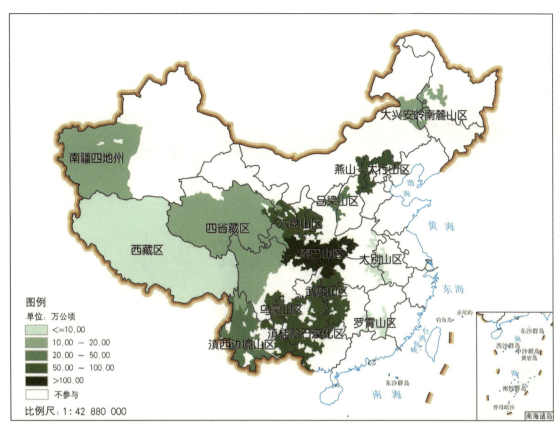

图2-3 集中连片特困地区各片区退耕还林工程退耕地还林恢复空间分布

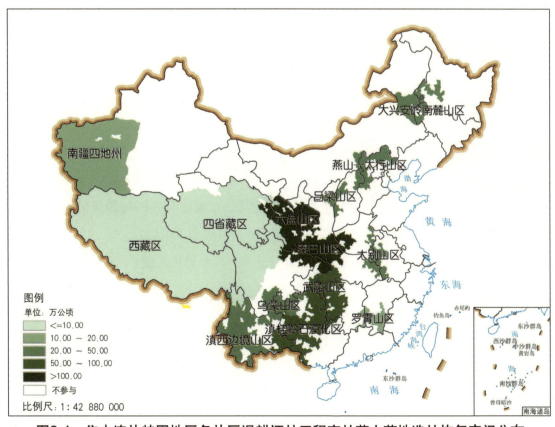

图2-4 集中连片特困地区各片区退耕还林工程宜林荒山荒地造林恢复空间分布

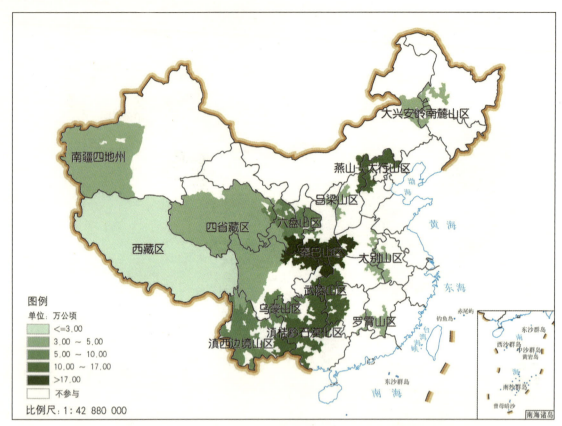

图2-5 集中连片特困地区各片区退耕还林工程封山育林恢复空间分布

2.2 退耕还林工程不同林种恢复的空间格局

退耕还林工程以生态优先,根据当地自然条件,宜乔则乔、宜灌则灌、宜草则草。例如北方干旱半干旱土地沙化区和青藏高寒江河源区植被恢复以灌草为主,实行灌木防风林带与种草相结合,在水资源条件较好的地方,可适当种植乔木。黄土高原水土流失区,植被恢复实行乔灌草相结合。

截至2017年底,全国11个集中连片特困地区和3个实施特殊扶持政策的地区生态林面积839.79万公顷,经济林面积212.72万公顷,灌木林面积204.43万公顷,集中连片特困地区退耕还林工程三种林种恢复面积比例见图2-6,三个林种恢复的空间分布见图2-7至图2-9。

退耕还林工程是以植被恢复为主体的人工生态工程,其修复对象是人为严重干扰和破坏的脆弱生态系统,在遵循生态恢复自然规律的同时还兼顾考虑工程片区的社会经济发展条件,因地制宜恢复林草植被,达到控制和减轻重点地区的水土流失和风沙危害、优化国土利用结构、提高生产力、增加农民收入的目标。退耕还林工程实施以来,不仅大大加快了水土流失和土地沙化治理步伐,改善生态环境、提高农民生活质量,还带来了农村产业结构调整及地方生态经济协调发展等利民惠民的成效，由此可见退耕还林工程实施的重要性。

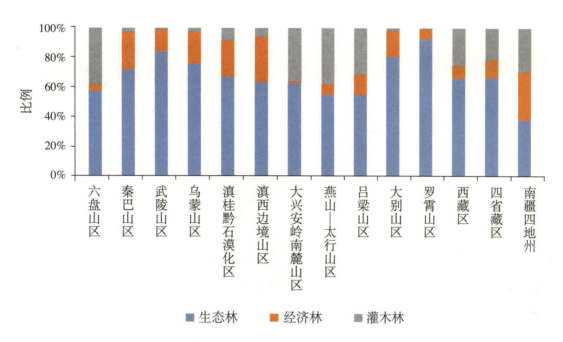

图2-6　集中连片特困地区各片区退耕还林工程三个林种恢复面积比例

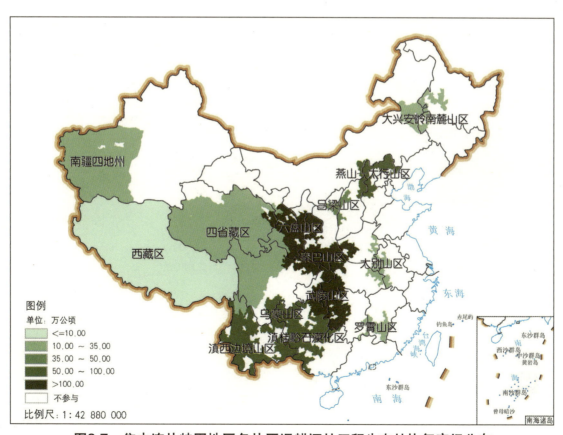

图2-7　集中连片特困地区各片区退耕还林工程生态林恢复空间分布

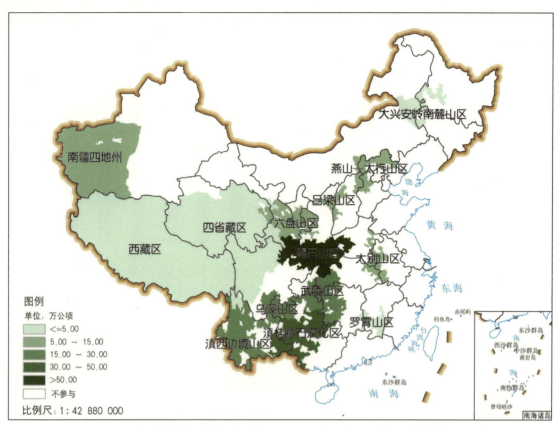

图2-8　集中连片特困地区各片区退耕还林工程经济林恢复空间分布

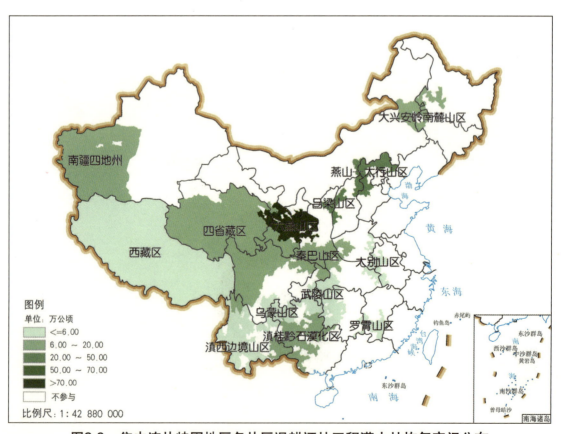

图2-9　集中连片特困地区各片区退耕还林工程灌木林恢复空间分布

第三章

集中连片特困地区退耕还林工程生态效益物质量评估

依据国家林业局《退耕还林工程生态效益监测评估技术标准与管理规范》（办退字〔2013〕116号），本章将采用分布式测算方法，对全国11个集中连片特困地区和3个实施特殊扶持政策的地区开展生态效益物质量评估。

3.1 集中连片特困地区退耕还林工程生态效益物质量评估总结果

对集中连片特困地区从涵养水源、保育土壤、固碳释氧、林木积累营养物质、净化大气环境和森林防护6项功能18个指标的生态效益物质量进行评估，其结果如表3-1所示。

集中连片特困地区退耕还林区域涵养水源总物质量为175.69亿立方米/年；固土总物质量为25069.42万吨/年；固定土壤氮、磷、钾和有机质总物质量分别为74.05万吨/年、21.17万吨/年、290.88万吨/年和584.34万吨/年；固碳总物质量为2135.07万吨/年，释氧总物质量为5090.06万吨/年；林木积累氮、磷和钾总物质量分别为22.94万吨/年、3.67万吨/年和13.62万吨/年；提供负离子总物质量为$4229.75×10^{22}$个/年，吸收污染物总物质量为145.59万吨/年，滞尘总物质量为19841.98万吨/年（滞纳TSP总物质量为15697.17万吨/年，滞纳PM_{10}总物质量为17037131.20吨/年，滞纳$PM_{2.5}$总物质量为6814505.29吨/年）；防风固沙总物质量为20795.78万吨/年。

集中连片特困地区同一生态效益物质量评估指标表现出明显的片区差异，且不同区域的生态效益主导功能不同。

（1）涵养水源功能 集中连片特困地区退耕还林工程涵养水源物质量空间分布见图3-1。秦巴山区涵养水源物质量最大，为35.09亿立方米/年，其次是武陵山区，涵养水源物质量为32.61亿立方米/年；六盘山区、乌蒙山区、滇西边境山区和滇桂黔石漠化区位居其下，其涵养水源物质量均在18.00亿～20.00亿立方米/年之间，上述六个片区占涵养水源总物质量的81.92%；其余片区涵养水源物质量均低于7.00亿立方米/年。

表3-1 集中连片特困地区各片区退耕还林工程生态效益物质量

集中连片特困地区	涵养水源(亿立方米/年)	保育土壤				固碳释氧		林木积累营养物质			负离子(×10²² 个/年)	吸收污染物(万吨/年)	净化大气环境				森林防护
		固土(万吨/年)	固氮(万吨/年)	固磷(万吨/年)	固钾(万吨/年)	固有机质(万吨/年)	固碳(万吨/年)	释氧(万吨/年)	氮(万吨/年)	磷(万吨/年)	钾(万吨/年)			小计(万吨/年)	TSP(万吨/年)	滞尘量		固沙量(万吨/年)
																PM₁₀(吨/年)	PM₂.₅(吨/年)	
六盘山区	19.92	3184.48	13.87	2.73	50.09	67.71	239.75	541.60	2.85	0.48	2.00	528.53	24.45	2843.20	2274.57	2842853.63	1137139.89	4303.41
秦巴山区	35.09	4613.67	10.84	3.03	60.13	107.19	398.35	950.14	5.65	1.06	3.47	792.27	27.11	3380.99	2692.74	3365932.82	1346371.40	2359.58
武陵山区	32.61	4712.45	8.09	5.38	43.91	108.89	329.99	790.03	3.27	0.54	2.03	727.08	23.34	3478.50	2769.68	3462089.40	1384835.76	—
乌蒙山区	19.91	2442.48	7.18	1.48	23.35	55.77	219.24	530.11	1.92	0.30	1.17	562.16	13.38	1823.23	1353.30	1691626.71	676650.69	—
滇桂黔石漠化区	18.02	2802.36	6.43	2.48	19.45	58.90	235.43	570.51	2.10	0.27	1.41	495.84	17.12	2428.28	1915.75	1804089.38	721388.68	—
滇西边境山区	18.37	1240.22	14.47	1.08	1.69	10.23	151.50	362.71	0.95	0.19	0.49	314.32	8.61	1135.79	889.87	1112333.87	444933.55	—
大兴安岭南麓山区	4.07	858.53	1.86	0.89	14.85	20.81	54.91	128.08	1.34	0.14	0.62	56.58	3.58	760.17	608.14	278572.48	111397.97	917.60

(续)

集中连片特困地区	涵养水源(亿立方米/年)	保育土壤					固碳释氧		林木积累营养物质			净化大气环境						森林防护
		固土(万吨/年)	固氮(万吨/年)	固磷(万吨/年)	固钾(万吨/年)	固有机质(万吨/年)	固碳(万吨/年)	释氧(万吨/年)	氮(万吨/年)	磷(万吨/年)	钾(万吨/年)	负离子(×10²²个/年)	吸收污染物(万吨/年)	小计(万吨/年)	TSP(万吨/年)	PM₁₀(吨/年)	PM₂.₅(吨/年)	固沙量(万吨/年)
燕山-太行山区	6.24	1466.66	3.45	0.79	24.21	79.41	236.87	582.04	1.09	0.12	0.60	103.93	8.56	1250.70	1000.57	387504.05	155123.01	4689.03
吕梁山区	5.42	981.58	2.25	0.41	16.47	13.33	79.12	183.73	1.52	0.14	0.66	157.95	7.05	829.59	663.67	829587.42	331834.53	674.11
大别山区	4.77	842.54	1.33	0.68	4.96	17.29	62.12	150.05	0.92	0.22	0.45	139.61	3.83	521.22	416.92	295705.44	118228.10	92.76
罗霄山区	4.23	830.58	1.17	0.88	7.90	18.20	41.61	97.59	0.46	0.06	0.22	99.34	2.85	455.06	364.05	455064.30	182025.72	—
西藏藏区	0.23	200.86	0.28	0.40	2.90	0.06	4.31	10.22	0.03	0.01	0.01	4.24	0.21	72.77	57.99	69.22	18.61	155.60
四省藏区	6.61	769.64	1.88	0.48	10.54	18.69	61.77	148.90	0.51	0.06	0.29	100.67	3.84	511.65	409.26	510797.34	204318.84	133.95
南疆四地州	0.20	123.37	0.95	0.46	10.43	7.86	20.10	44.35	0.33	0.08	0.20	147.23	1.66	350.83	280.66	905.14	238.54	7469.74
合计	175.69	25069.42	74.05	21.17	290.88	584.34	2135.07	5090.06	22.94	3.67	13.62	4229.75	145.59	19841.98	15697.17	17037131.20	6814505.29	20795.78

注：吸收污染物为森林吸收二氧化硫、氟化物和氮氧化物的物质量总和。

图3-1 集中连片特困地区各片区退耕还林工程涵养水源物质量空间分布

（2）**保育土壤功能** 集中连片特困地区退耕还林工程固土物质量最大的区域为武陵山区，固土物质量为4712.45万吨/年；秦巴山区次之，固土物质量为4613.67万吨/年；固土物质量在2000.00万吨/年以上的区域还有六盘山区、滇桂黔石漠化区和乌蒙山区；燕山—太行山区和滇西边境山区固土物质量1000.00万～1500.00万吨/年之间；其余区固土物质量不足1000.00万吨/年。保肥物质量最大的片区为秦巴山区（181.19万吨/年）；位居其次的是武陵山区、六盘山区和燕山—太行山区，保肥物质量均在100.00万～170.00万吨/年之间；其余各片区保肥物质量均在100.00万吨/年以下（表3-1）。

（3）**固碳释氧功能** 集中连片特困地区退耕还林工程固碳和释氧物质量排序表现一致，固碳物质量空间分布见图3-2。固碳和释氧物质量最大的片区均为秦巴山区，固碳物质量为398.35万吨/年，释氧物质量为950.14万吨/年；其次为武陵山区固碳物质量为329.99万吨/年，释氧物质量为790.03万吨/年；六盘山区、燕山—太行山区、滇桂黔石漠化区和乌蒙山区，固碳物质量均在210.00万～240.00万吨/年之间，释氧物质量均在530.00万～600.00万吨/年之间（表3-1）；其余片区固碳物质量不足160.00万吨/年，释氧量物质量不足400.00万吨/年。

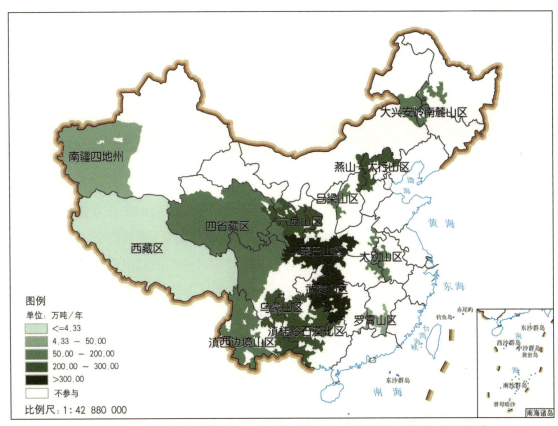

图3-2 集中连片特困地区各片区退耕还林工程固碳物质量空间分布

(4) **林木积累营养物质功能** 集中连片特困地区退耕还林工程林木积累氮物质量最大的片区为秦巴山区(5.65万吨/年),其次为武陵山区、六盘山区和滇桂黔石漠化区,林木积累氮物质量在2万~4万吨/年之间,乌蒙山区、吕梁山区、大兴安岭南麓山区、燕山—太行山区林木积累氮物质量在1万~2万吨/年,其余片区林木积累氮物质量不足1.00万吨/年;林木积累磷物质量最大的片区为秦巴山区(1.06万吨/年),其余片区林木积累磷物质量较小,不足1.00万吨/年;林木积累钾物质量最大的片区为秦巴山区(3.47万吨/年);其次为武陵山区、六盘山区、滇桂黔石漠化区和乌蒙山区,林木积累氮物质量在1.00万~3.00万吨/年;其余片区林木积累钾物质量较小,不足1.00万吨/年(表3-1)。

(5) **净化大气环境功能** 集中连片特困地区退耕还林工程提供负离子物质量最大的片区为秦巴山区(792.27×10^{22}个/年),其次为武陵山区(727.08×10^{22}个/年);乌蒙山区、六盘山区和滇桂黔石漠化区,提供负离子物质量均在490.00×10^{22}~570.00×10^{22}个/年之间;其余片区提供负离子物质量均小于320.00×10^{22}个/年。吸收污染物物质量最大的片区为秦巴山区(27.11万吨/年)、六盘山区(24.45万吨/年)和武陵山区(23.34万吨/年);其次为吸收污染物物质量在13.00万~18.00万吨/年之间的滇桂黔石漠化区和乌蒙山区;其余各片区吸收污染物物质量均小于10.00万吨/年。各片区滞尘、滞纳TSP物质量排序表现一致，滞尘物质量空间分布见图3-3。武陵山区、秦巴山区、六盘山区、滇桂黔石漠化区、乌蒙山区和燕山—太行山区滞尘和滞纳TSP物质量大于1000.00万吨/年；各片区滞纳PM_{10}和滞纳$PM_{2.5}$物质量排序表现一致，武陵山区滞纳PM_{10}和滞纳$PM_{2.5}$物质量最大，分别为3462089.40吨/年和1384835.76吨/年，其次为秦巴山区和六盘山区，滞纳PM_{10}和滞纳$PM_{2.5}$物质量分别为3365932.82吨/年和1346371.40吨/年，2842853.63吨/年和1137139.89吨/年，其余片区滞纳PM_{10}物质量小于200.00万吨/年，滞纳$PM_{2.5}$物质量小于100.00万吨/年（表3-1）。

（6）防风固沙功能　集中连片特困地区退耕还林工程森林防护生态效益物质量评估主要针对防风固沙林。我国中南部地区的武陵山区、乌蒙山区、滇桂黔石漠化区、滇西边境山区和罗霄山区的退耕还林工程中没有营造防风固沙林，故其退耕还林工程生态效益物质量评估中不包含防风固沙功能，防风固沙物质量最大的为南疆四地州（7469.74万吨/年），其次是燕山—太行山区（4689.03万吨/年）和六盘山区（4303.41万吨/年），以上3个区域防风固沙物质量显著高于其余退耕还林工程片区，占防风固沙总物质量的79.16%。这个结果一方面是由于南疆四地州、燕山—太行山区和六盘山区防风固沙林面积较大，另一方面也与当地风力侵蚀强度等因子有关。其余片区防风固沙林的防风固沙物质量均小于2500.00万吨/年（表3-1）。

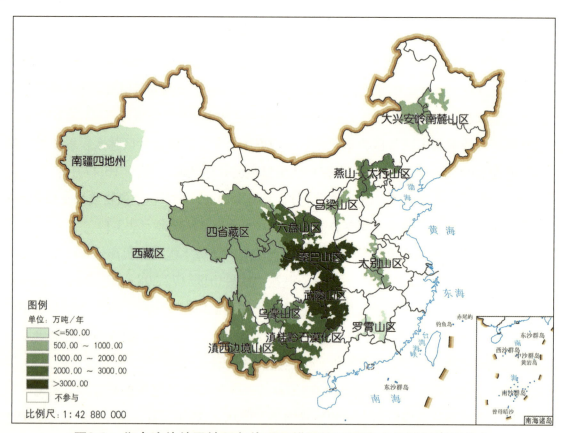

图3-3　集中连片特困地区各片区退耕还林工程滞尘物质量空间分布

3.2 三种植被恢复模式生态效益物质量评估

退耕还林工程建设内容包括退耕地还林、宜林荒山荒地造林和封山育林三种植被恢复模式。本节在退耕还林生态效益物质量评估的基础之上，分别针对这三种植被恢复模式生态效益物质量进行评估。

3.2.1 退耕地还林生态效益物质量评估

全国11个集中连片特困地区和3个实施特殊扶持政策的地区退耕地还林生态效益物质量评估结果如表3-2所示。

集中连片特困地区退耕地还林涵养水源总物质量为63.21亿立方米/年；固土总物质量为9075.03万吨/年；固定土壤氮、磷、钾和有机质总物质量分别为26.39万吨/年、7.67万吨/年、108.19万吨/年和209.89万吨/年；固碳总物质量为765.80万吨/年，释氧总物质量为1834.79万吨/年；林木积累氮、磷、钾总物质量分别为8.50万吨/年、1.21万吨/年和4.68万吨/年；提供负离子总物质量为1512.86×10^{22}个/年；吸收污染物总物质量为50.86万吨/年；滞尘总物质量为6599.28万吨/年（滞纳TSP总物质量为5220.58万吨/年，滞纳PM_{10}总物质量为5747936.27吨/年，滞纳$PM_{2.5}$总物质量为2299098.68吨/年）；防风固沙总物质量为6755.23万吨/年。

（1）**涵养水源功能** 集中连片特困地区退耕还林工程退耕地还林涵养水源物质量空间分布见图3-4，涵养水源物质量最高为秦巴山区（13.53亿立方米/年）；其次是武陵山区、六盘山区、乌蒙山区、滇桂黔石漠化区和滇西边境山区，退耕地还林涵养水源物质量在5.00亿~12.00亿立方米/年之间；其余片区涵养水源物质量均低于3亿立方米/年。

（2）**保育土壤功能** 集中连片特困地区退耕还林工程退耕地还林保育土壤功能见表3-2，固土物质量最大为秦巴山区（1790.30万吨/年）和武陵山区（1722.69万吨/年），六盘山区、滇桂黔石漠化区和乌蒙山区次之，退耕地还林固土物质量均大于900.00万吨/年，上述五个片区固土物质量达到退耕地还林固土物质量的73.48%；退耕地还林保肥物质量包括氮、磷、钾和有机质物质量，保肥物质量最大为秦巴山区，保肥物质量为72.78万吨/年，其次为武陵山区、六盘山区、乌蒙山区、燕山—太行山区和滇桂黔石漠化区，退耕地还林涵保肥物质量均大于20.00万吨/年，保肥物质量达到退耕地还林保肥物质量的80.29%。

（3）**固碳释氧功能** 集中连片特困地区退耕还林工程退耕地还林固碳和释氧物质量各片区排序一致，固碳物质量空间分布见图3-5，固碳和释氧物质量最大为秦巴山区，退耕地还林固碳物质量为147.86万吨/年，释氧物质量为351.48万吨/年；武陵山区、燕山—太行山区和六盘山区次之，退耕地还林固碳和释氧物质量均大于90.00万吨/年和200.00万

表3-2 集中连片特困地区各片区退耕还林工程退耕地还林生态效益物质量

集中连片特困地区	涵养水源 (亿立方米/年)	保育土壤					固碳释氧		林木积累营养物质			负离子 ($\times 10^{22}$ 个/年)	吸收污染物 (万吨/年)	净化大气环境				森林防护
		固土 (万吨/年)	固氮 (万吨/年)	固磷 (万吨/年)	固钾 (万吨/年)	固有机质 (万吨/年)	固碳 (万吨/年)	释氧 (万吨/年)	氮 (万吨/年)	磷 (万吨/年)	钾 (万吨/年)			小计 (万吨/年)	TSP (万吨/年)	滞尘量		固沙量 (万吨/年)
																PM_{10} (吨/年)	$PM_{2.5}$ (吨/年)	
六盘山区	7.64	1258.66	5.21	1.12	19.34	25.86	91.48	204.91	1.14	0.17	0.71	211.42	9.18	1030.58	824.46	1030534.13	412213.22	1776.26
秦巴山区	13.53	1790.30	4.18	1.27	25.12	42.21	147.86	351.48	2.19	0.36	1.25	292.78	9.25	1106.99	881.80	1102249.54	440899.05	874.53
武陵山区	11.61	1722.69	3.06	1.90	15.79	39.70	110.82	263.50	1.17	0.18	0.67	260.03	8.25	1269.85	1011.93	1264913.03	505965.23	—
乌蒙山区	7.40	930.61	2.53	0.57	9.80	22.10	80.76	195.28	0.77	0.11	0.42	211.70	4.72	632.18	469.38	586719.33	234687.04	—
滇桂黔石漠化区	5.89	965.94	2.21	0.84	6.49	20.37	79.13	191.63	0.77	0.10	0.46	173.27	5.77	775.01	611.24	558626.92	223341.17	—
滇西边境山区	5.59	400.34	4.80	0.33	0.56	3.37	48.35	115.58	0.34	0.06	0.16	104.53	2.75	352.15	275.91	344879.27	137949.22	—
大兴安岭南麓山区	1.23	248.22	0.55	0.23	4.31	6.12	15.91	37.12	0.37	0.03	0.18	15.06	1.03	199.91	159.92	88738.31	35486.20	265.88

(续)

集中连片特困地区	涵养水源(亿立方米/年)	保育土壤				固碳释氧		林木积累营养物质			净化大气环境						森林防护
		固土(万吨/年)	固氮(万吨/年)	固磷(万吨/年)	固钾(万吨/年)	固有机质(万吨/年)	固碳(万吨/年)	释氧(万吨/年)	氮(万吨/年)	磷(万吨/年)	钾(万吨/年)	负离子($\times 10^{22}$个/年)	吸收污染物(万吨/年)	滞尘量			固沙量(万吨/年)
														小计(万吨/年)	TSP(万吨/年)	PM_{10}(吨/年)	$PM_{2.5}$(吨/年)	
燕山—太行山区	2.65	434.35	1.16	0.24	7.74	23.91	99.32	257.76	0.39	0.02	0.22	35.07	2.97	409.48	327.58	115052.05	46119.85	1638.21
吕梁山区	2.03	367.45	0.86	0.17	6.62	5.17	29.90	69.34	0.58	0.05	0.24	56.60	2.33	252.02	201.62	252019.61	100807.63	254.30
大别山区	1.33	239.79	0.40	0.21	1.28	5.15	16.81	40.55	0.28	0.06	0.12	40.84	1.72	113.77	91.01	69503.21	27784.38	19.07
罗霄山区	1.27	241.09	0.33	0.25	2.22	5.36	12.01	28.12	0.18	0.02	0.07	29.59	0.80	125.33	100.27	125335.43	50134.13	—
西藏区	0.12	106.46	0.14	0.21	1.52	0.03	2.30	5.43	0.02	<0.01	<0.01	2.25	0.10	38.57	30.73	36.69	9.87	82.47
四省藏区	2.87	339.51	0.73	0.22	4.89	8.67	26.33	63.45	0.22	0.02	0.12	44.38	1.59	209.24	167.37	209111.51	83644.45	51.77
南疆四地州	0.05	29.62	0.23	0.11	2.51	1.87	4.82	10.64	0.08	0.02	0.05	35.34	0.40	84.20	67.36	217.24	57.24	1792.74
合计	63.21	9075.03	26.39	7.67	108.19	209.89	765.80	1834.79	8.50	1.21	4.68	1512.86	50.86	6599.28	5220.58	5747936.27	2299009.68	6755.23

注：吸收污染物为森林吸收二氧化硫、氟化物和氮氧化物的物质量总和。

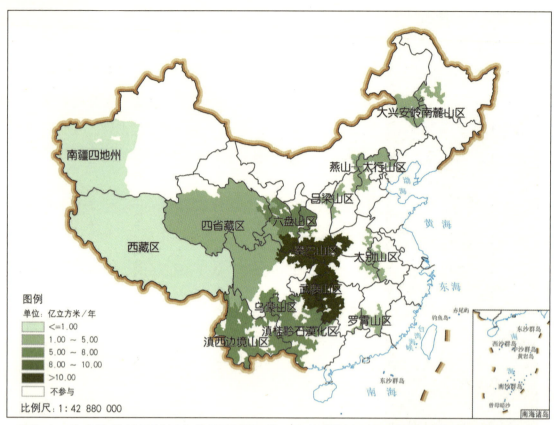

图3-4　集中连片特困地区各片区退耕还林工程退耕地还林涵养水源物质量空间分布

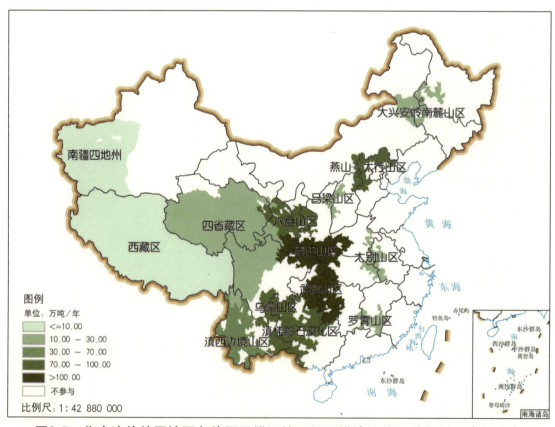

图3-5　集中连片特困地区各片区退耕还林工程退耕地还林固碳物质量空间分布

吨/年；固碳和释氧物质量较大的地区为乌蒙山区、滇桂黔石漠化区和滇西边境山区，固碳和释氧物质量达到退耕地还林固碳和释氧物质量的27.19%和27.39%。

（4）林木积累营养物质功能　集中连片特困地区退耕还林工程退耕地还林的林木积累氮、磷和钾物质量各片区排序差异较大（表3-2），林木积累营养物质量最高为秦巴山区，其次为武陵山区和六盘山区，三个片区林木积累氮物质量、林木积累磷物质量和林木积累钾物质量分别达到退耕地还林林木积累各个营养物质总物质量的52.94%、58.68%和56.20%。

（5）净化大气环境功能　集中连片特困地区退耕还林工程退耕地还林提供负离子物质量最高为秦巴山区和武陵山区，其次为乌蒙山区和六盘山区，占退耕地还林负离子总物质量的64.51%。退耕地还林吸收污染物物质量最高为秦巴山区，六盘山区、武陵山区、滇桂黔石漠化区和乌蒙山区位居其下，吸收污染物物质量达到退耕地还林吸收污染物物质量73.08%。退耕地还林滞尘和滞纳TSP物质量各片区排序一样，滞尘物质量空间分布见图3-6，滞尘和滞纳TSP物质量最高为武陵山区，均在1000万吨/年以上，滞尘和滞纳TSP物质量较高的地区为秦巴山区、六盘山区、滇桂黔石漠化区和乌蒙山区，上述五个片区滞尘和滞纳TSP物质量分别占退耕地还林滞尘和滞纳TSP物质量的72.96%和72.77%。各片区滞纳PM_{10}和$PM_{2.5}$物质量排序表现一致，武陵山区滞纳PM_{10}和$PM_{2.5}$物质

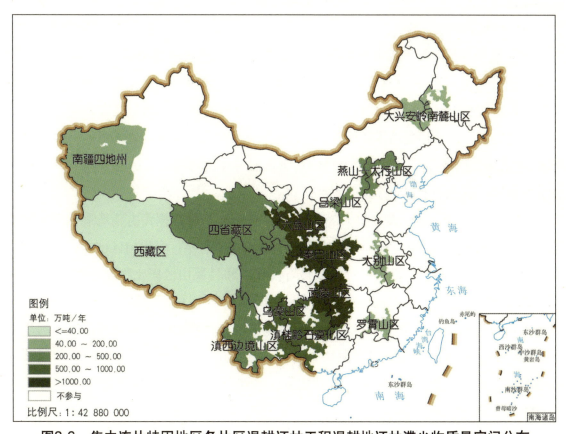

图3-6　集中连片特困地区各片区退耕还林工程退耕地还林滞尘物质量空间分布

量最高，其次为秦巴山区和六盘山区，滞纳PM_{10}和$PM_{2.5}$物质量分别在100.00万吨/年和40.00万吨/年之上，其余各片区滞纳PM_{10}物质量小于60.00万吨/年，滞纳$PM_{2.5}$物质量小于30.00万吨/年（表3-3）。

（6）防风固沙功能　集中连片特困地区退耕还林工程退耕地还林防风固沙物质量最高的为南疆四地州，其次是六盘山区和燕山—太行山区，以上三个区域防风固沙物质量显著高于其余退耕地还林工程片区，占防风固沙总物质量的77.08%；其余片区防风固沙林的防风固沙物质量小于1000.00万吨/年（表3-2）。

3.2.2 宜林荒山荒地造林生态效益物质量评估

集中连片特困地区14个片区宜林荒山荒地造林生态效益物质量评估结果如表3-3所示。

集中连片特困地区宜林荒山荒地造林区域涵养水源总物质量为92.85亿立方米/年；固土总物质量为13267.15万吨/年；固定土壤氮、磷、钾和有机质总物质量分别为38.79万吨/年、11.01万吨/年、149.07万吨/年和306.47万吨/年；固碳总物质量为1143.66万吨/年，释氧总物质量为2723.65万吨/年；林木积累氮、磷和钾总物质量分别为12.20万吨/年、2.07万吨/年和7.56万吨/年；提供负离子总物质量为2246.40×10^{22}个/年，吸收污染物总物质量为79.19万吨/年，滞尘总物质量为10957.21万吨/年（滞纳TSP总物质量为8670.44万吨/年，滞纳PM_{10}总物质量为9531618.15吨/年，滞纳$PM_{2.5}$总物质量为3812472.57吨/年）；防风固沙总物质量为11211.36万吨/年。

（1）涵养水源功能　集中连片特困地区退耕还林工程宜林荒山荒地造林涵养水源物质量空间分布见图3-7，宜林荒山荒地造林涵养水源物质量最高为秦巴山区，其物质量为18.23亿立方米/年，武陵山位居区其下，涵养水源物质量为17.28亿立方米/年，六盘山区、乌蒙山区、滇西边境山区和滇桂黔石漠化区涵养水源物质量均在9.00亿～11.00亿立方米/年之间，上述六个片区涵养水源物质量占涵养水源总物质量的81.99%；其余片区涵养水源物质量均小于4.00亿立方米/年。

（2）保育土壤功能　集中连片特困地区退耕还林工程宜林荒山荒地造林固土物质量最高的片区为武陵山区，其固土物质量为2497.96万吨/年；秦巴山区次之，固土物质量为2399.82万吨/年；六盘山区、滇桂黔石漠化区和乌蒙山区固土物质量均在1200.00万～2000.00万吨/年之间；固土物质量在500.00万吨/年以上的片区还有燕山—太行山区、滇西边境山区、吕梁山区、大兴安岭南麓山区和大别山区；其余片区固土物质量不足500.00万吨/年。保肥物质量最大的片区为秦巴山区，为91.12万吨/年；位居其次的是武陵山区、六盘山区、燕山—太行山区、滇桂黔石漠化区和乌蒙山区，均在40.00万～90.00万吨/年之间；其余各片区均在25.00万吨/年以下（表3-3）。

第三章 集中连片特困地区退耕还林工程生态效益物质量评估

表3-3 集中连片特困地区各片区退耕还林工程宜林荒山荒地造林生态效益物质量

集中连片特困地区	涵养水源 (亿立方米/年)	保育土壤					固碳释氧		林木积累营养物质			净化大气环境						森林防护
		固土 (万吨/年)	固氮 (万吨/年)	固磷 (万吨/年)	固钾 (万吨/年)	固有机质 (万吨/年)	固碳 (万吨/年)	释氧 (万吨/年)	氮 (万吨/年)	磷 (万吨/年)	钾 (万吨/年)	负离子 (×10²² 个/年)	吸收污染物 (万吨/年)	滞尘量				固沙量 (万吨/年)
														小计 (万吨/年)	TSP (万吨/年)	PM_{10} (吨/年)	$PM_{2.5}$ (吨/年)	
六盘山区	10.89	1671.83	7.50	1.37	26.39	35.84	132.71	302.61	1.48	0.28	1.15	274.70	13.57	1625.56	1300.45	1625366.36	650146.19	2170.71
秦巴山区	18.23	2399.82	5.59	1.49	29.52	54.52	214.59	512.95	2.98	0.60	1.90	426.27	15.12	1929.01	1536.19	1920246.67	768098.13	1321.01
武陵山区	17.28	2497.96	4.25	2.86	22.48	57.37	187.30	451.53	1.82	0.29	1.16	390.79	12.73	1885.73	1500.96	1876207.52	750483.07	—
乌蒙山区	10.12	1235.97	3.67	0.74	11.17	27.46	113.62	275.04	0.96	0.16	0.61	283.53	7.03	964.09	715.55	894431.19	357772.35	—
滇桂黔石漠化区	9.68	1498.78	3.39	1.35	10.36	31.13	128.01	310.81	1.11	0.15	0.79	262.10	9.33	1357.24	1070.85	1016245.46	406381.87	—
滇西边境山区	9.93	660.72	7.45	0.58	0.85	5.22	80.06	191.25	0.50	0.10	0.25	157.48	4.56	600.98	470.86	588569.29	235428.01	—
大兴安岭南麓山区	2.32	503.04	1.03	0.50	8.63	11.72	31.85	74.32	0.75	0.08	0.37	34.91	2.11	406.91	325.53	168213.10	67268.61	531.77

(续)

集中连片特困地区	涵养水源(亿立方米/年)	保育土壤				固碳释氧		林木积累营养物质			负离子($\times 10^{22}$个/年)	吸收污染物(万吨/年)	净化大气环境				森林防护
		固土(万吨/年)	固氮(万吨/年)	固磷(万吨/年)	固钾(万吨/年)	固有机质(万吨/年)	固碳(万吨/年)	释氧(万吨/年)	氮(万吨/年)	磷(万吨/年)	钾(万吨/年)			小计(万吨/年)	TSP(万吨/年)	滞尘量		固沙量(万吨/年)
																PM_{10}(吨/年)	$PM_{2.5}$(吨/年)	
燕山—太行山区	2.92	827.49	1.75	0.40	13.08	43.34	107.83	256.24	0.58	0.08	0.30	56.83	4.37	612.80	490.24	234368.20	93813.66	2293.01
吕梁山区	2.91	528.19	1.19	0.21	8.44	6.93	42.40	98.49	0.80	0.08	0.37	85.74	3.99	489.69	391.76	489692.83	195877.08	385.27
大别山区	2.91	502.81	0.77	0.41	2.94	10.11	39.45	95.43	0.58	0.14	0.29	89.13	1.88	349.98	279.95	203908.90	81530.17	71.34
罗霄山区	2.29	455.66	0.63	0.51	3.67	9.65	22.92	53.87	0.21	0.03	0.12	51.57	1.62	264.17	211.33	264165.25	105666.05	—
西藏区	0.05	48.20	0.07	0.09	0.70	0.02	1.03	2.45	0.01	—	—	1.02	0.05	17.44	13.91	16.61	4.46	37.34
四省藏区	3.20	365.12	0.94	0.23	4.79	8.60	30.23	72.94	0.24	0.03	0.14	46.94	1.86	250.13	200.08	249661.79	99864.56	68.46
南疆四地州	0.12	71.56	0.56	0.27	6.05	4.56	11.66	25.72	0.18	0.05	0.11	85.39	0.97	203.48	162.78	524.98	138.36	4332.45
合计	92.85	13267.15	38.79	11.01	149.07	306.47	1143.66	2723.65	12.20	2.07	7.56	2246.40	79.19	10957.21	8670.44	9531618.15	3812472.57	11211.36

注：吸收污染物为森林吸收二氧化硫、氟化物和氮氧化物的物质质量总和。

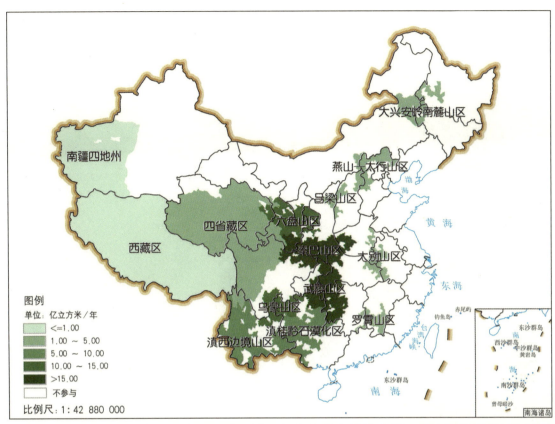

图3-7 集中连片特困地区各片区退耕还林工程宜林荒山荒地造林涵养水源物质量空间分布

（3）**固碳释氧功能** 集中连片特困地区退耕还林工程宜林荒山荒地造林的固碳和释氧物质量排序表现一致，固碳物质量空间分布见图3-8，固碳和释氧物质量最高的片区均为秦巴山区，固碳物质量为214.59万吨/年，释氧物质量为512.95万吨/年；其次为武陵山区、六盘山区、滇桂黔石漠化区、乌蒙山区和燕山—太行山区，固碳物质量在100.00万～190.00万吨/年之间，释氧物质量均在250.00万～460.00万吨/年之间；其余片区固碳物质量不足100.00万吨/年，释氧量物质量不足200.00万吨/年。

（4）**林木积累营养物质功能** 集中连片特困地区退耕还林工程宜林荒山荒地造林林木积累氮物质量最高的片区为秦巴山区（2.98万吨/年），其次为武陵山区（1.82万吨/年）、六盘山区（1.48万吨/年）和滇桂黔石漠化区（1.11万吨/年），其余片区林木积累氮物质量不足1.00万吨/年；林木积累磷物质量最高的片区为秦巴山区（0.60万吨/年），其次为武陵山区（0.29万吨/年）和六盘山区（0.28万吨/年），其余片区林木积累磷物质量不足0.20万吨/年；林木积累钾物质量最高的片区为秦巴山区（1.90万吨/年），其次为武陵山区（1.16万吨/年）和六盘山区（1.15万吨/年），其余片区林木积累钾物质量不足1.00万吨/年（表3-3）。

（5）**净化大气环境功能** 集中连片特困地区退耕还林工程宜林荒山荒地造林提

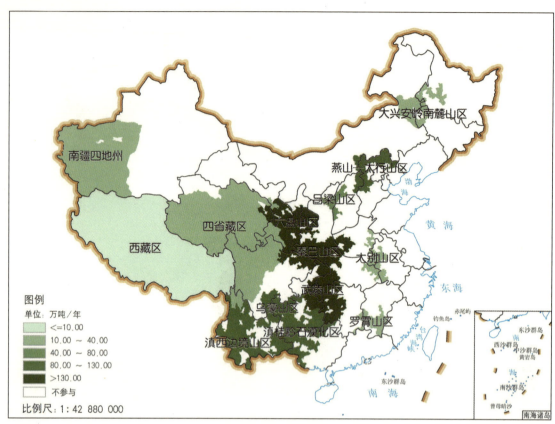

图3-8 集中连片特困地区各片区退耕还林工程宜林荒山荒地造林固碳物质量空间分布

供负离子物质量最高的片区为秦巴山区（426.27×10^{22}个/年），其次为武陵山区、乌蒙山区、六盘山区、滇桂黔石漠化区和滇西边境山区，提供负离子物质量均在150.00×10^{22}～400.00×10^{22}个/年之间，其余片区提供负离子物质量均小于90.00×10^{22}个/年；吸收污染物物质量最高的片区为秦巴山区（15.12万吨/年）、六盘山区（13.57万吨/年）和武陵山区（12.73万吨/年），其余各片区吸收污染物物质量均小于10.00万吨/年。滞尘物质量空间分布见图3-9，各片区滞尘、滞纳TSP物质量排序表现一致，均为秦巴山区、武陵山区、六盘山区和滇桂黔石漠化区最高，其余各片区滞尘和滞纳TSP物质量小于1000.00万吨/年；各片区滞纳PM$_{10}$和滞纳PM$_{2.5}$物质量排序表现一致，秦巴山区滞纳PM$_{10}$和PM$_{2.5}$物质量最高分别为1920246.67吨/年和768098.13吨/年，其次为武陵山区、六盘山区和滇桂黔石漠化区，滞纳PM$_{10}$物质量100.00万～190.00万吨/年之间，PM$_{2.5}$物质量40.00万～76.00万吨/年之间，其余各片区滞纳PM$_{10}$物质量小于90.00万吨/年，滞纳PM$_{2.5}$物质量小于36.00万吨/年（表3-3）。

（6）防风固沙功能 退耕还林工程森林防护生态效益物质量评估是针对防风固沙林进行的，我国中南部地区的武陵山区、乌蒙山区、滇桂黔石漠化区、滇西边境山区和罗霄山区的退耕还林工程中没有营造防风固沙林，故其退耕还林工程生态效益物质量评估中不包含防风固沙功能。对于营造了防护林的片区，防风固沙物质量最高的为南

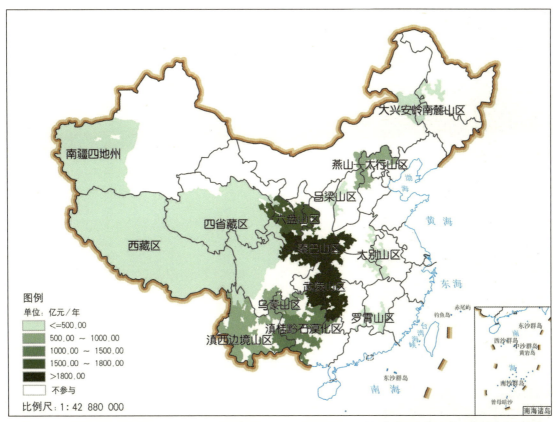

图3-9　集中连片特困地区各片区退耕还林工程宜林荒山荒地造林滞尘物质量空间分布

疆四地州（4332.45万吨/年），其次是燕山—太行山区（2293.01万吨/年）和六盘山区（2170.71万吨/年），这三个区域防风固沙物质量占总物质量的78.46%。

3.2.3 封山育林生态效益物质量评估

全国11个集中连片特困地区和3个实施特殊扶持政策的地区封山育林生态效益物质量评估结果如表3-4所示。

封山育林区域涵养水源总物质量19.63亿立方米/年；固土总物质量为2727.24万吨/年；固定土壤氮、磷、钾和有机质总物质量分别为8.87万吨/年、2.49万吨/年、33.62万吨/年和67.98万吨/年；固碳和释氧总物质量分别为225.61万吨/年和531.62万吨/年；林木积累氮、磷、钾总物质量分别为2.24万吨/年、0.39万吨/年和1.38万吨/年；提供负离子总物质量为470.49×10^{22}个/年，吸收污染物总物质量为15.54万吨/年，滞尘总物质量为2285.49万吨/年（滞纳TSP总物质量为1806.15万吨/年，滞纳PM_{10}总物质量为1757576.78吨/年，滞纳$PM_{2.5}$总物质量为702934.04吨/年）；防风固沙总物质量为2829.19万吨/年。

（1）**涵养水源功能**　集中连片特困地区退耕还林工程封山育林涵养水源物质量空间分布见图3-10，封山育林涵养水源物质量最大为武陵山区和秦巴山区，物质量分别为3.72亿立方米/年和3.33亿立方米/年；滇西边境山区、滇桂黔石漠化区和乌蒙山区位居其下，涵养水

表3-4 集中连片特困地区各片区退耕还林工程封山育林生态效益物质量

集中连片特困地区	涵养水源(亿立方米/年)	保育土壤				林木积累营养物质				固碳释氧		吸收污染物(万吨/年)	负离子(×10²² 个/年)	净化大气环境					森林防护
		固土(万吨/年)	固氮(万吨/年)	固磷(万吨/年)	固钾(万吨/年)	固有机质(万吨/年)	固碳(万吨/年)	释氧(万吨/年)	氮(万吨/年)	磷(万吨/年)	钾(万吨/年)			小计(万吨/年)	TSP(万吨/年)	滞尘量			固沙量(万吨/年)
																PM₁₀(吨/年)	PM₂.₅(吨/年)		
六盘山区	1.39	253.99	1.16	0.24	4.36	6.01	15.56	34.08	0.23	0.03	0.14	42.41	1.70	187.06	149.66	186953.14	74780.48	356.44
秦巴山区	3.33	423.55	1.07	0.27	5.49	10.46	35.90	85.71	0.48	0.10	0.32	73.22	2.74	344.99	274.75	343436.61	137374.22	164.04
武陵山区	3.72	491.80	0.78	0.62	5.64	11.82	31.87	75.00	0.28	0.07	0.20	76.26	2.36	322.92	256.79	320968.85	128387.46	—
乌蒙山区	2.39	275.90	0.98	0.17	2.38	6.21	24.86	59.79	0.19	0.03	0.14	66.93	1.63	226.96	168.37	210476.19	84191.30	—
滇桂黔石漠化区	2.45	337.64	0.83	0.29	2.60	7.40	28.29	68.07	0.22	0.02	0.16	60.47	2.02	296.03	233.66	229217.00	91665.64	—
滇西边境山区	2.85	179.16	2.22	0.17	0.28	1.64	23.09	55.88	0.11	0.03	0.08	52.31	1.30	182.66	143.10	178885.31	71556.32	—
大兴安岭南麓山区	0.52	107.27	0.28	0.16	1.91	2.97	7.15	16.64	0.22	0.03	0.07	6.61	0.44	153.35	122.69	21621.07	8643.16	119.95

第三章 集中连片特困地区退耕还林工程生态效益物质量评估

(续)

集中连片特困地区	涵养水源 (亿立方米/年)	保育土壤					固碳释氧		林木积累营养物质			净化大气环境						森林防护
		固土 (万吨/年)	固氮 (万吨/年)	固磷 (万吨/年)	固钾 (万吨/年)	固有机质 (万吨/年)	固碳 (万吨/年)	释氧 (万吨/年)	氮 (万吨/年)	磷 (万吨/年)	钾 (万吨/年)	负离子 (×10²² 个/年)	吸收污染物 (万吨/年)	小计 (万吨/年)	TSP (万吨/年)	滞尘量 PM₁₀ (吨/年)	PM₂.₅ (吨/年)	固沙量 (万吨/年)
燕山—太行山区	0.67	204.82	0.54	0.15	3.39	12.16	29.72	68.04	0.12	0.02	0.08	12.03	1.22	228.42	182.75	38083.80	15189.50	757.81
吕梁山区	0.48	85.94	0.20	0.03	1.41	1.23	6.82	15.90	0.14	0.01	0.05	15.61	0.73	87.88	70.29	87874.98	35149.82	34.54
大别山区	0.53	99.94	0.16	0.06	0.74	2.03	5.86	14.07	0.06	0.02	0.04	9.64	0.23	57.47	45.96	22293.33	8913.55	2.35
罗霄山区	0.67	133.83	0.21	0.12	2.01	3.19	6.68	15.60	0.07	0.01	0.03	18.18	0.43	65.56	52.45	65563.62	26225.54	—
西藏区	0.06	46.20	0.07	0.10	0.68	0.01	0.98	2.34	—	—	—	0.97	0.06	16.76	13.35	15.92	4.28	35.79
四省藏区	0.54	65.01	0.21	0.03	0.86	1.42	5.21	12.51	0.05	0.01	0.03	9.35	0.39	52.28	41.81	52024.04	20809.83	13.72
南疆四地州	0.03	22.19	0.16	0.08	1.87	1.43	3.62	7.99	0.07	0.01	0.04	26.50	0.29	63.15	50.52	162.92	42.94	1344.55
合计	19.63	2727.24	8.87	2.49	33.62	67.98	225.61	531.62	2.24	0.39	1.38	470.49	15.54	2285.49	1806.15	1757576.78	702934.04	2829.19

注：吸收污染物为森林吸收二氧化硫、氟化物和氮氧化物的物质量总和。

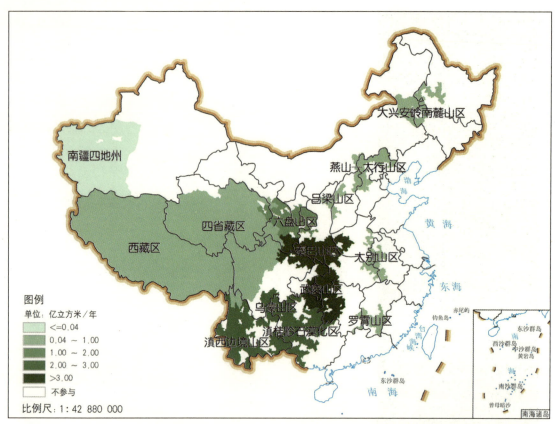

图3-10 集中连片特困地区各片区退耕还林工程封山育林涵养水源物质量空间分布

源物质量在2.00亿～3.00亿立方米/年；其余片区涵养水源物质量均小于1.50亿立方米/年。

（2）保育土壤功能　集中连片特困地区退耕还林工程封山育林固土物质量最高的片区为武陵山区和秦巴山区，固土物质量分别为491.80万吨/年和423.55万吨/年；滇桂黔石漠化区、乌蒙山区、六盘山区和燕山—太行山区固土物质量在200.00万～400.00万吨/年之间；固土物质量在100.00万吨/年以上的片区还有滇西边境山区、罗霄山区和大兴安岭南麓山区；其余各片区固土物质量不足100.00万吨/年。保肥物质量最大的片区为武陵山区和秦巴山区，保肥物质量分别为18.86万吨/年和17.29万吨/年；位居其次的是燕山—太行山区、六盘山区和滇桂黔石漠化，保肥物质量均在10.00万～17.00万吨/年之间；其余各片区保肥物质量均在10.00万吨/年以下（表3-4）。

（3）固碳释氧功能　集中连片特困地区退耕还林工程封山育林的固碳物质量空间分布见图3-11，固碳和释氧物质量最高的片区均为秦巴山区，固碳物质量为35.90万吨/年，释氧物质量为85.71万吨/年；其次为武陵山区、燕山—太行山区、滇桂黔石漠化区、乌蒙山区、滇西边境山区和六盘山区，固碳物质量均在15.00万～32.00万吨/年之间，释氧物质量均在30.00万～80.00万吨/年之间；其余各片区固碳物质量不足10.00万吨/年，且释氧物质量不足20.00万吨/年。

（4）林木积累营养物质功能　集中连片特困地区退耕还林工程封山育林林木积累营

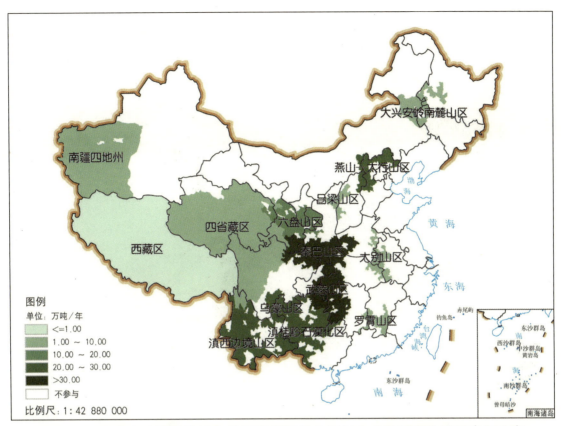

图3-11 集中连片特困地区各片区退耕还林工程封山育林固碳物质量空间分布

养物质最高的片区为秦巴山区，林木积累氮物质量为0.48万吨/年，林木积累磷物质量为0.10万吨/年，林木积累钾物质量为0.32万吨/年，其余各片区林木积累营养物质量较小，林木积累氮物质量不足0.30万吨/年，林木积累磷物质量不足0.10万吨/年，林木积累钾物质量不足0.30万吨/年（表3-4）。

(5) **净化大气环境功能** 集中连片特困地区退耕还林工程封山育林提供负离子物质量最高的片区为武陵山区和秦巴山区，其次为乌蒙山区、滇桂黔石漠化区、滇西边境山区、六盘山区和南疆四地州，占提供负离子总物质量的84.61%；其余各片区提供负离子物质量小于20.00×10^{22}个/年。吸收污染物物质量最大的片区为秦巴山区（2.74万吨/年），其次为吸收污染物物质量在1.00万~2.50万吨/年之间的武陵山区、滇桂黔石漠化区、六盘山区、乌蒙山区、滇西边境山区和燕山—太行山区，其余各片区吸收污染物物质量均小于1.00万吨/年。各片区滞尘、滞纳TSP物质量排序表现一致，均为秦巴山区最高，滞尘物质量为344.99万吨/年，滞纳TSP物质量为274.75万吨/年；武陵山区、滇桂黔石漠化区、燕山—太行山区、乌蒙山区、六盘山区、滇西边境山区、大兴安岭南麓山区位居其下，滞尘物质量在100.00万~330.00万吨/年，滞纳TSP物质量在100.00万~260.00万吨/年，其余各片区滞尘和滞纳TSP物质量小于100.00万吨/年。各片区滞纳PM_{10}和$PM_{2.5}$物质量排序表现一致，秦巴山区滞纳PM_{10}和$PM_{2.5}$物质量最大分别为343436.61吨/年和137374.22吨/年；武陵山区、

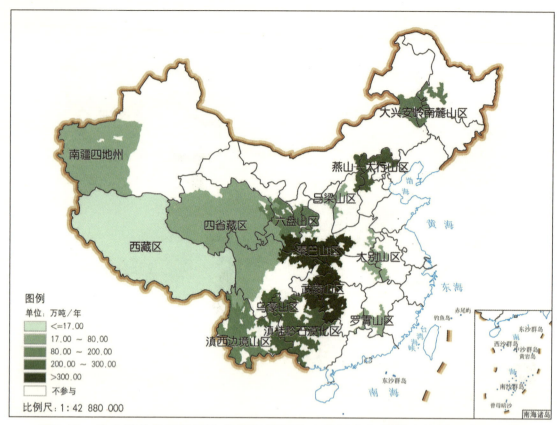

图3-12 集中连片特困地区各片区退耕还林工程封山育林滞尘物质量空间分布

滇桂黔石漠化区、乌蒙山区、六盘山区和滇西边境山区滞纳PM_{10}和$PM_{2.5}$物质量分别在15.00万~33.00万吨/年之间和7.00万~13.00万吨/年之间，其余各片区滞纳PM_{10}物质量小于10.00万吨/年，滞纳$PM_{2.5}$物质量小于4.00万吨/年（表3-4）。

（6）**防风固沙功能** 集中连片特困地区退耕还林工程封山育林森林防护生态效益物质量评估是针对防风固沙林进行的。我国中北部地区有防护林的退耕还林工程片区中，防风固沙物质量最高的为南疆四地州（1344.55万吨/年），其次是燕山—太行山区（757.81万吨/年）和六盘山区（356.44万吨/年），以上三个区域防风固沙物质量显著高于其余退耕还林工程片区。其余各片区防风固沙物质量均小于200.00万吨/年。

3.3 三种林种生态效益物质量评估

本报告中林种类型依据《国家森林资源连续清查技术规定》，结合退耕还林工程实际情况分为生态林、经济林和灌木林三种林种。三种林种中，生态林和经济林的划定以《退耕还林工程生态林与经济林认定标准》（林退发〔2001〕550号）为依据。

3.3.1 生态林生态效益物质量评估

生态林是指在退耕还林工程中,营造以减少水土流失和风沙危害等生态效益为主要目的的林木,主要包括水土保持林、水源涵养林、防风固沙林和竹林等(国家林业局,2001)。全国11个集中连片特困地区和3个实施特殊扶持政策的地区生态林生态效益物质量评估结果如表3-5所示。由于涵养水源、固碳和滞尘功能较为突出,并且是生态功能研究重点,以这三项功能为例分析集中连片特困地区退耕还林工程生态林生态效益物质量特征。

(1) **涵养水源功能** 集中连片特困地区退耕还林工程生态林涵养水源总物质量为132.88亿立方米/年,其中武陵山区和秦巴山区涵养水源物质量最高,分别为29.34亿立方米/年和28.27亿立方米/年,乌蒙山区、滇桂黔石漠化区、滇西边境山区和六盘山区涵养水源物质量次之,占集中连片特困地区退耕还林工程生态林涵养水源总物质量的83.74%(图3-13)。

(2) **固碳功能** 集中连片特困地区退耕还林工程生态林的固碳物质量为1553.95万吨/年,见图3-14。固碳物质量最高的片区为秦巴山区,固碳物质量为308.45万吨/年,其次为武陵山区、乌蒙山区、滇桂黔石漠化区、燕山—太行山区、六盘山区和滇西边境山区,固碳物质量均在100.00万~300.00万吨/年之间,其余各片区固碳物质量不足100.00万吨/年。

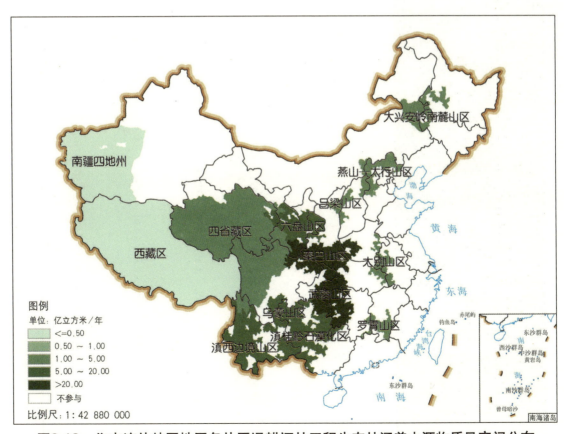

图3-13 集中连片特困地区各片区退耕还林工程生态林涵养水源物质量空间分布

表3-5 集中连片特困地区各片区退耕还林工程生态林生态效益物质量

集中连片特困地区	涵养水源(亿立方米/年)	保育土壤					固碳释氧		林木积累营养物质			负离子($\times 10^{22}$个/年)	吸收污染物(万吨/年)	净化大气环境				森林防护
		固土(万吨/年)	固氮(万吨/年)	固磷(万吨/年)	固钾(万吨/年)	固有机质(万吨/年)	固碳(万吨/年)	释氧(万吨/年)	氮(万吨/年)	磷(万吨/年)	钾(万吨/年)			小计(万吨/年)	TSP(万吨/年)	滞尘量 PM₁₀(吨/年)	PM₂.₅(吨/年)	固沙量(万吨/年)
六盘山区	11.63	1856.10	8.45	1.72	28.37	39.93	141.44	322.37	1.65	0.30	1.28	295.15	13.97	1647.20	1317.76	1647179.59	658871.10	2443.17
秦巴山区	28.27	3604.22	8.70	2.41	47.31	85.45	308.45	736.97	4.11	0.79	2.52	604.34	20.77	2623.84	2087.04	2608789.16	1043513.94	1608.65
武陵山区	29.34	4255.75	7.21	4.96	40.34	98.08	287.04	686.29	2.80	0.46	1.73	639.87	20.60	3101.49	2468.06	3085075.64	1234030.25	—
乌蒙山区	16.45	1985.53	5.82	1.19	19.79	46.13	174.76	422.64	1.55	0.25	0.92	485.34	10.41	1416.17	1027.65	1284566.68	513826.67	—
滇桂黔石漠化区	13.26	2064.83	4.59	1.88	14.71	43.94	168.77	409.21	1.51	0.19	1.01	369.82	12.28	1751.01	1373.95	1235398.85	493957.89	—
滇西边境山区	12.32	837.99	9.45	0.73	1.61	7.48	100.42	240.46	0.64	0.13	0.33	219.67	5.68	748.13	579.74	724681.97	289872.79	—
大兴安岭南麓山区	2.56	569.36	1.56	0.77	10.04	18.50	36.83	86.43	0.96	0.11	0.33	33.96	2.09	576.21	460.97	105203.22	42050.93	644.35

第三章 集中连片特困地区退耕还林工程生态效益物质量评估

（续）

集中连片特困地区	涵养水源(亿立方米/年)	保育土壤				固碳释氧		林木积累营养物质			净化大气环境						森林防护
		固土(万吨/年)	固氮(万吨/年)	固磷(万吨/年)	固钾(万吨/年)	固有机质(万吨/年)	固碳(万吨/年)	释氧(万吨/年)	氮(万吨/年)	磷(万吨/年)	钾(万吨/年)	负离子($\times 10^{22}$个/年)	吸收污染物(万吨/年)	小计(万吨/年)	滞尘量			固沙量(万吨/年)
															TSP(万吨/年)	PM_{10}(吨/年)	$PM_{2.5}$(吨/年)	
燕山—太行山区	2.87	737.71	1.93	0.44	12.15	51.33	142.74	353.23	0.43	0.06	0.21	46.25	4.30	666.90	533.52	87539.92	35097.44	2967.71
吕梁山区	3.13	567.04	1.30	0.24	9.52	7.66	45.60	105.88	0.87	0.08	0.38	90.80	4.07	479.25	383.40	479253.96	191701.15	385.21
大别山区	3.96	715.80	1.13	0.57	4.38	14.68	50.82	122.74	0.75	0.19	0.37	113.82	3.21	442.85	354.23	227099.40	90788.02	77.58
罗霄山区	3.82	743.37	1.04	0.80	7.06	16.28	37.33	87.37	0.41	0.05	0.20	89.20	2.57	410.23	328.19	410234.30	164093.72	—
西藏区	0.21	187.11	0.26	0.37	2.71	0.05	4.03	9.53	0.03	0.01	0.01	4.00	0.20	67.78	54.00	64.48	17.33	144.90
四省藏区	4.95	572.45	1.31	0.34	7.88	14.03	45.96	110.97	0.38	0.04	0.21	74.48	2.81	375.85	300.62	375724.46	150289.78	79.79
南疆四地州	0.11	59.86	0.46	0.23	5.07	3.82	9.76	21.51	0.15	0.05	0.09	71.40	0.81	170.16	136.12	438.98	115.70	3622.70
合计	132.88	18757.12	53.21	16.65	210.94	447.36	1553.95	3715.60	16.24	2.71	9.59	3138.10	103.77	14477.07	11405.25	12271250.61	4908226.71	11974.06

注：吸收污染物为森林吸收二氧化硫、氟化物和氮氧化物的物质量总和。

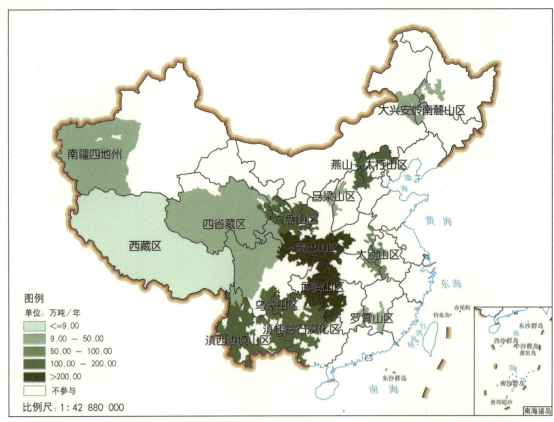

图3-14 集中连片特困地区各片区退耕还林工程生态林固碳物质量空间分布

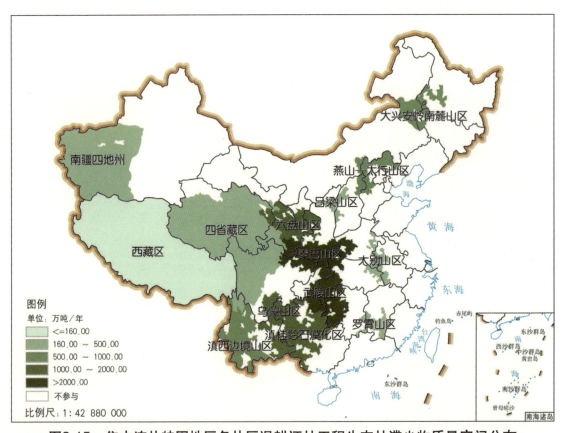

图3-15 集中连片特困地区各片区退耕还林工程生态林滞尘物质量空间分布

（3）滞尘功能　集中连片特困地区退耕还林工程生态林滞尘物质量为14477.07万吨/年，空间分布见图3-15。滞尘物质量最高的片区为武陵山区（3101.49万吨/年）；其次为秦巴山区、滇桂黔石漠化区、六盘山区和乌蒙山区，滞尘物质量均在1400.00万～3000.00万吨/年之间；其余各片区滞尘物质量小于750.00万吨/年（表3-5）。

3.3.2 经济林生态效益物质量评估

全国11个集中连片特困地区和3个实施特殊扶持政策的地区经济林生态效益物质量评估结果如表3-6所示。以涵养水源、固碳和滞尘功能三项优势功能为例，分析退耕还林工程14个片区经济林生态效益物质量特征。

（1）涵养水源功能　集中连片特困地区退耕还林工程经济林涵养水源总物质量为24.76亿立方米/年。其中，秦巴山区涵养水源物质量最高，为6.12亿立方米/年；滇西边境山区、滇桂黔石漠化区、乌蒙山区和武陵山区涵养水源物质量次之，占集中连片特困地区经济林涵养水源总物质量的84.01%（图3-16）。

（2）固碳功能　集中连片特困地区退耕还林工程经济林的固碳物质量见图3-17，集中连片特困地区固碳总物质量为322.69万吨/年，固碳物质量最高的片区为秦巴山区，固碳物质量为81.17万吨/年，其次为滇桂黔石漠化区、滇西边境山区、乌蒙山区、武陵山区，固碳

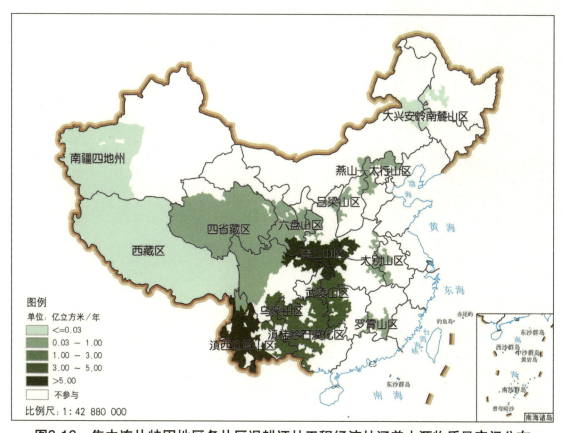

图3-16　集中连片特困地区各片区退耕还林工程经济林涵养水源物质量空间分布

表3-6 集中连片特困地区各片区退耕还林工程经济林生态效益物质量

集中连片特困地区	涵养水源 (亿立方米/年)	保育土壤						固碳释氧			林木积累营养物质			净化大气环境						森林防护
		固土 (万吨/年)	固氮 (万吨/年)	固磷 (万吨/年)	固钾 (万吨/年)	固有机质 (万吨/年)		固碳 (万吨/年)	释氧 (万吨/年)		氮 (万吨/年)	磷 (万吨/年)	钾 (万吨/年)	负离子 (×10²² 个/年)	吸收污染物 (万吨/年)	小计 (万吨/年)	TSP (万吨/年)	滞尘量		固沙量 (万吨/年)
																		PM₁₀ (吨/年)	PM₂.₅ (吨/年)	
六盘山区	0.94	149.04	0.73	0.15	2.20	3.24		11.29	25.87		0.12	0.02	0.11	22.09	1.10	131.89	105.51	131858.11	52743.24	191.27
秦巴山区	6.12	912.56	1.91	0.55	11.48	19.53		81.17	192.50		1.41	0.24	0.86	169.25	5.72	681.90	545.51	681888.57	272755.43	679.54
武陵山区	3.00	420.72	0.82	0.40	3.27	9.93		39.48	95.37		0.43	0.07	0.27	80.78	2.52	345.41	276.33	345410.35	138164.14	—
乌蒙山区	3.05	415.12	1.16	0.26	3.21	8.83		40.38	97.59		0.34	0.05	0.23	69.78	2.72	373.59	298.87	373583.64	149433.46	—
滇桂黔石漠化区	3.50	564.78	1.29	0.43	3.62	11.70		52.43	126.82		0.47	0.06	0.32	97.05	3.81	531.79	425.43	470639.55	188230.24	—
滇西边境山区	5.13	340.52	4.25	0.30	0.07	2.33		43.25	103.49		0.26	0.05	0.13	80.13	2.48	328.18	262.54	328177.47	131270.99	—
大兴安岭南麓山区	0.02	4.37	0.01	<0.01	0.07	0.05		0.27	0.62		0.01	<0.01	<0.01	0.33	0.02	3.12	2.50	2285.10	913.98	4.23

第三章 集中连片特困地区退耕还林工程生态效益物质量评估

(续)

集中连片特困地区	涵养水源 水源涵立(亿米³/年)	保育土壤				固碳释氧		林木积累营养物质			净化大气环境						森林防护
		固土(万吨/年)	固氮(万吨/年)	固磷(万吨/年)	固钾(万吨/年)	固有机质(万吨/年)	固碳(万吨/年)	释氧(万吨/年)	氮(万吨/年)	磷(万吨/年)	钾(万吨/年)	负离子(×10²²个/年)	吸收污染物(万吨/年)	小计(万吨/年)	TSP(万吨/年)	滞尘量 PM₁₀(吨/年)	PM₂.₅(吨/年)	固沙量(万吨/年)
燕山—太行山区	0.39	97.74	0.27	0.06	1.61	6.57	18.46	45.63	0.06	0.01	0.02	6.66	0.59	89.48	71.58	16025.15	6420.39	374.18
吕梁山区	0.76	137.70	0.31	0.06	2.31	1.95	11.30	26.26	0.22	0.02	0.10	23.01	1.00	116.35	93.08	116348.75	46539.50	102.57
大别山区	0.73	115.11	0.18	0.09	0.49	2.33	10.19	24.63	0.16	0.03	0.08	23.00	0.55	70.60	56.48	62062.46	24822.94	15.18
罗霄山区	0.39	80.87	0.12	0.08	0.78	1.77	3.97	9.48	0.05	0.01	0.02	9.40	0.26	41.61	33.29	41605.90	16642.36	—
西藏藏区	<0.01	0.72	0.01	<0.01	0.01	<0.01	0.02	0.04	<0.01	<0.01	<0.01	0.01	<0.01	0.25	0.21	0.25	0.07	0.56
四省藏区	0.70	76.86	0.29	0.05	0.94	1.70	6.56	15.75	0.05	0.01	0.03	11.03	0.42	54.86	43.89	54793.87	21917.54	17.11
南疆四地州	0.02	24.15	0.16	0.07	2.04	1.56	3.92	8.67	0.06	0.01	0.05	28.84	0.30	68.71	54.96	177.29	46.71	1463.03
合计	24.76	3340.26	11.51	2.52	32.10	71.50	322.69	772.72	3.64	0.59	2.23	621.36	21.49	2837.74	2270.18	2624856.46	1049900.99	2847.67

注：吸收污染物为森林吸收二氧化硫、氟化物和氮氧化物的物质量总和。

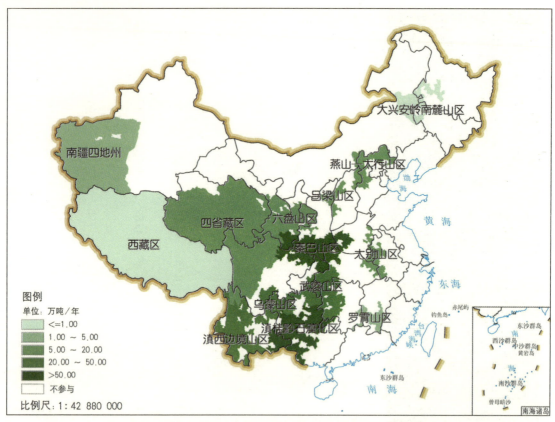

图3-17　集中连片特困地区各片区退耕还林工程经济林固碳物质量空间分布

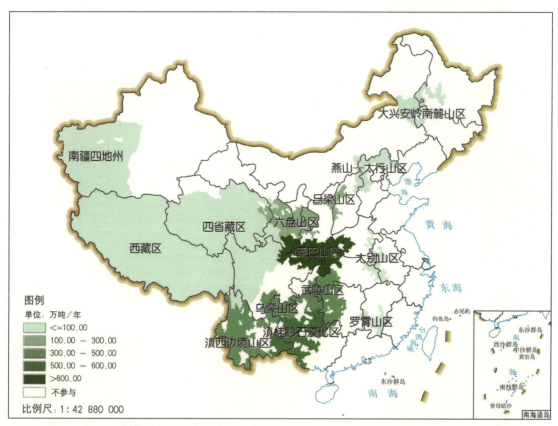

图3-18　集中连片特困地区各片区退耕还林工程经济林滞尘物质量空间分布

物质量均在20.00万～55.00万吨/年之间，燕山—太行山区、吕梁山区、六盘山区和大别山区固碳物质量均在10.00万～20.00万吨/年之间，其余各片区固碳物质量不足10.00万吨/年。

（3）**滞尘功能** 集中连片特困地区退耕还林工程经济林滞尘物质量空间分布见图3-18。集中连片特困地区滞尘总物质量为2837.74万吨/年，滞尘物质量最高的片区为秦巴山区（681.90万吨/年）；其次为滇桂黔石漠化区、乌蒙山区、滇西边境山区、武陵山区、六盘山区和吕梁山区，滞尘物质量均在110.00万～550.00万吨/年之间；其余各片区滞尘物质量小于90.00万吨/年。

3.3.3 灌木林生态效益物质量评估

全国11个集中连片特困地区和3个实施特殊扶持政策的地区灌木林生态效益物质量评估结果如表3-7所示。以涵养水源、固碳和滞尘功能三项优势功能为例，分析退耕还林工程14个片区灌木林生态效益物质量特征。

（1）**涵养水源功能** 集中连片特困地区退耕还林工程灌木林涵养水源总物质量为18.05亿立方米/年。其中六盘山区涵养水源物质量最高，为7.35亿立方米/年；燕山—太行山区、吕梁山区、大兴安岭南麓山区和滇桂黔石漠化区涵养水源物质量次之，占集中连片特困地区灌木林涵养水源总物质量的80.94%（图3-19）。

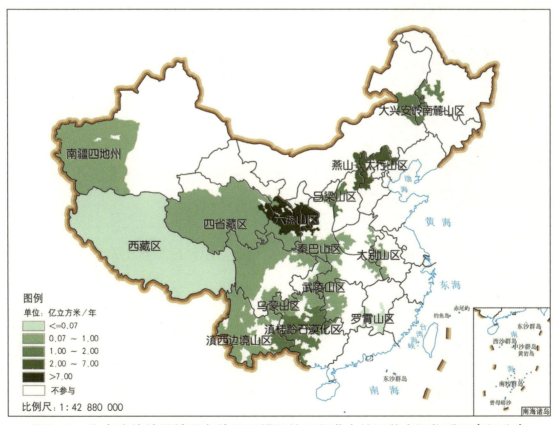

图3-19 集中连片特困地区各片区退耕还林工程灌木林涵养水源物质量空间分布

表3-7 集中连片特困地区各片区退耕还林工程灌木林生态效益物质量

集中连片特困地区	涵养水源 固土 (亿立方米/年)	保育土壤				林木积累营养物质				固碳释氧		净化大气环境					森林防护
		固土(万吨/年)	固氮(万吨/年)	固磷(万吨/年)	固钾(万吨/年)	固有机质(万吨/年)	氮(万吨/年)	磷(万吨/年)	钾(万吨/年)	固碳(万吨/年)	释氧(万吨/年)	负离子(×10²² 个/年)	吸收污染物(万吨/年)	小计(万吨/年)	滞尘量			固沙量(万吨/年)
															TSP(万吨/年)	PM₁₀(吨/年)	PM₂.₅(吨/年)	
六盘山区	7.35	1179.34	4.69	0.86	19.52	24.54	1.08	0.16	0.61	87.02	193.36	211.29	9.38	1064.11	851.30	1063815.93	425525.55	1668.97
秦巴山区	0.70	96.89	0.23	0.07	1.34	2.21	0.13	0.03	0.09	8.73	20.67	18.68	0.62	75.25	60.19	75255.09	30102.03	71.39
武陵山区	0.27	35.98	0.06	0.02	0.30	0.88	0.04	0.01	0.03	3.47	8.37	6.43	0.22	31.60	25.29	31603.41	12641.37	—
乌蒙山区	0.41	41.83	0.20	0.03	0.35	0.81	0.03	<0.01	0.02	4.10	9.88	7.04	0.25	33.47	26.78	33476.39	13390.56	—
滇桂黔石漠化区	1.26	172.75	0.55	0.17	1.12	3.26	0.12	0.02	0.08	14.23	34.48	28.97	1.03	145.48	116.37	98050.98	39200.55	—
滇西边境山区	0.92	61.71	0.77	0.05	0.01	0.42	0.05	0.01	0.03	7.83	18.76	14.52	0.45	59.48	47.59	59474.43	23789.77	—
大兴安岭南麓山区	1.49	284.80	0.29	0.11	4.74	2.26	0.37	0.02	0.28	17.81	41.03	22.29	1.47	180.84	144.67	171084.16	68433.06	269.02

(续)

集中连片特困地区	涵养水源 (亿立方米/年)	保育土壤				固碳释氧		林木积累营养物质			负离子 (×10²² 个/年)	吸收污染物 (万吨/年)	净化大气环境				森林防护
		固土 (万吨/年)	固氮 (万吨/年)	固磷 (万吨/年)	固钾 (万吨/年)	固有机质 (万吨/年)	固碳 (万吨/年)	释氧 (万吨/年)	氮 (万吨/年)	磷 (万吨/年)	钾 (万吨/年)			小计 (万吨/年)	滞尘量			固沙量 (万吨/年)
															TSP (万吨/年)	PM₁₀ (吨/年)	PM₂.₅ (吨/年)	
燕山—太行山区	2.98	631.21	1.25	0.29	10.45	21.51	75.67	183.18	0.60	0.05	0.37	51.02	3.67	494.32	395.47	283938.98	113605.18	1347.14
吕梁山区	1.53	276.84	0.64	0.11	4.64	3.72	22.22	51.59	0.43	0.04	0.18	44.14	1.98	233.99	187.19	233984.71	93593.88	186.33
大别山区	0.08	11.63	0.02	0.02	0.09	0.28	1.11	2.68	0.01	<0.01	<0.01	2.79	0.07	7.77	6.21	6543.58	2617.14	—
罗霄山区	0.02	6.34	0.01	0.00	0.06	0.15	0.31	0.74	<0.01	<0.01	<0.01	0.74	0.02	3.22	2.57	3224.10	1289.64	—
西藏区	0.01	13.03	0.01	0.02	0.18	<0.01	0.26	0.65	<0.01	<0.01	<0.01	0.23	0.01	4.74	3.78	4.49	1.21	10.14
四省藏区	0.96	120.33	0.28	0.09	1.72	2.96	9.25	22.18	0.08	0.01	0.05	15.16	0.61	80.94	64.75	80279.01	32111.52	37.05
南疆四地州	0.07	39.36	0.33	0.16	3.32	2.48	6.42	14.17	0.12	0.02	0.06	46.99	0.55	111.96	89.58	288.87	76.13	2384.01
合计	18.05	2972.04	9.33	2.00	47.84	65.48	258.43	601.74	3.06	0.37	1.80	470.29	20.33	2527.17	2021.74	2141024.13	856377.59	5974.05

注：吸收污染物为森林吸收二氧化硫、氟化物和氮氧化物的物质量总和。

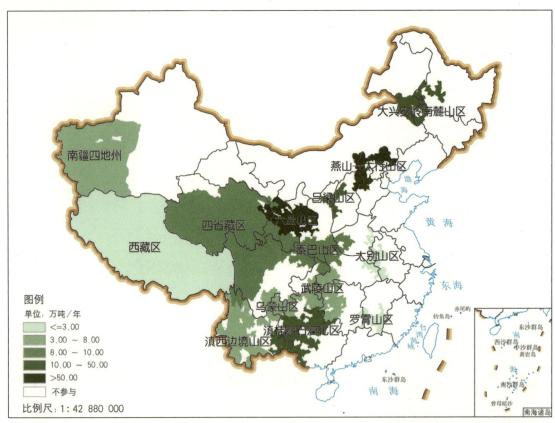

图3-20 集中连片特困地区各片区退耕还林工程灌木林固碳物质量空间分布

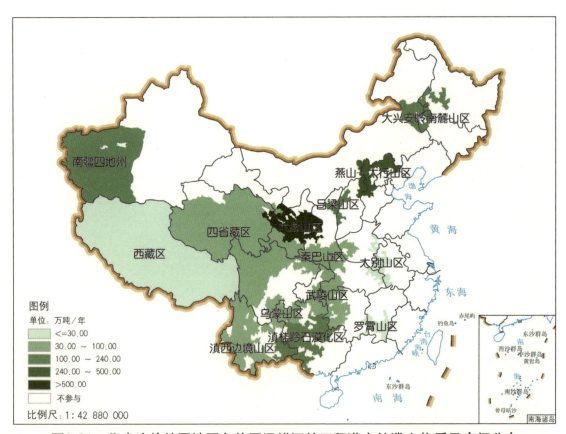

图3-21 集中连片特困地区各片区退耕还林工程灌木林滞尘物质量空间分布

（2）**固碳功能**　集中连片特困地区退耕还林工程灌木林的固碳物质量空间分布见图3-20，集中连片特困地区固碳总物质量为258.43万吨/年，固碳物质量最高的片区为六盘山区，固碳物质量为87.02万吨/年，其次为燕山—太行山区，固碳物质量为75.67万吨/年，其余各片区固碳物质量不足25.00万吨/年。

（3）**滞尘功能**　集中连片特困地区退耕还林工程灌木林滞尘物质量空间分布见图3-21。集中连片特困地区滞尘总物质量为2527.17万吨/年，滞尘物质量最高的片区为六盘山区（1064.11万吨/年）；其次为燕山—太行山区、吕梁山区、滇桂黔石漠化区和南疆四地州，滞尘物质量均在110.00万～500.00万吨/年之间；其余各片区滞尘物质量小于90.00万吨/年。

第四章

集中连片特困地区退耕还林工程生态效益价值量评估

依据国家林业局《退耕还林工程生态效益监测评估技术标准与管理规范》（办退字〔2013〕16号），本章将采用集中连片特困地区退耕还林工程生态效益评估分布式测算方法，对全国11个集中连片特困地区和3个实施特殊扶持政策的地区开展退耕还林工程生态效益价值量评估工作，探讨各片区的退耕还林工程生态效益特征。

4.1 集中连片特困地区退耕还林工程生态效益价值量评估总结果

> 价值量评估主要是利用一些经济学方法对生态系统提供的服务进行评价。价值量评估的特点是评价结果用货币量体现，既能将不同生态系统与一项生态系统服务进行比较，也能将某一生态系统的各单项服务综合起来。运用价值量评价方法得出的货币结果能引起人们对区域生态系统服务足够的重视。

退耕还林工程生态效益价值量评估是指从货币价值量的角度对退耕还林工程提供的服务进行定量评估，其评估结果都是货币值，更具有直观性。本节将从价值量方面对11个集中连片特困地区和3个实施特殊扶持政策地区的退耕还林工程生态效益进行评估。

全国11个集中连片特困地区和3个实施特殊扶持政策的地区退耕还林工程生态效益价值量及其分布如表4-1和图4-1所示。集中连片特困地区退耕还林工程每年产生的生态效益总价值量为5601.21亿元，相当于2017年全国林业总产值的7.89%（国家统计局，2018），也相当于2017年中央财政专项扶贫总投入的6.51倍。其中，每年产生涵养水源1659.05亿元，保育土壤615.04亿元，固碳释氧791.53亿元，林木积累营养物质77.20亿元，净化大气环境1193.41亿元（其中，滞纳TSP 470.91亿元，滞纳PM_{10} 346.51亿元，滞纳$PM_{2.5}$ 138.60亿元），生物多样性保护1003.07亿元，森林防护261.91亿元。所有片区中，秦巴山区退耕还林工程生态效益总价值量最大，为1083.37亿元/年；武陵山区、六

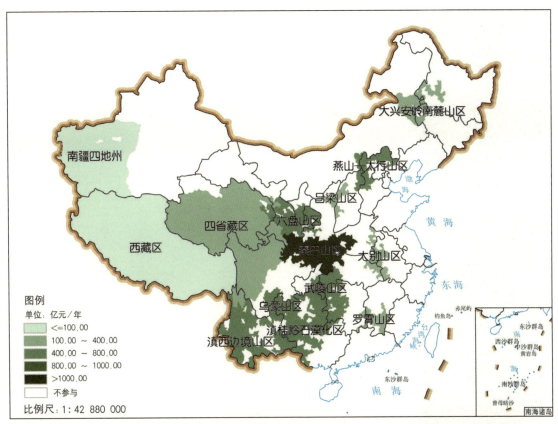

图4-1 集中连片特困地区各片区退耕还林工程生态效益总价值量空间分布

盘山区、滇桂黔石漠化区、乌蒙山区和滇西边境山区次之，每年退耕还林工程生态效益总价值量均在400.00亿～1000.00亿元/年之间；其余片区退耕还林工程生态效益总价值量低于300.00亿元/年。

11个集中连片特困地区和3个实施特殊扶持政策的地区退耕还林工程各生态效益价值量所占相对比例分布如图4-2所示。集中连片特困地区退耕还林工程生态林生态效益的各分项价值量分配中，地区差异较为明显。大部分地区多以涵养水源和净化大气环境功能为主，其余评估指标价值量所占相对比例差异相对较小。南疆四地州的生态效益主要表现为以森林防护功能为主，所占比例为59.24%；燕山—太行山区的生态效益主要表现为以固碳释氧功能为主，所占比例为31.69%；武陵山区、乌蒙山区、滇桂黔石漠化区、滇西边境山区和罗霄山区的退耕还林工程中没有营造防风固沙林，因此其生态效益评估中不包括森林防护功能。

退耕还林工程实施引起的林地面积增加是森林生态效益价值上升的主要原因（Zhang et al.，2013）。各片区退耕还林工程生态效益价值量的高低与其退耕还林面积大小表现基本一致，退耕还林面积较大的秦巴山区、六盘山区和武陵山区，其退耕还林工程生态效益总价值量也相对较高。但除了面积外，林种组成、降水和温度等影响林木生长发育的环境因子，也在很大程度上影响着退耕还林工程生态效益的发挥。如乌蒙山区的退耕还林总面

表4-1 集中连片特困地区各片区退耕还林工程生态效益价值量

集中连片特困地区	涵养水源(亿元/年)	保育土壤(亿元/年)	固碳释氧(亿元/年)	林木积累营养物质(亿元/年)	负离子(亿元/年)	吸收污染物(亿元/年)	净化大气环境					森林防护(亿元/年)	生物多样性保护(亿元/年)	总计(亿元/年)
							TSP(亿元/年)	PM₁₀(亿元/年)	PM₂.₅(亿元/年)	小计(亿元/年)	合计(亿元/年)			
六盘山区	182.45	98.03	84.25	9.87	0.68	3.09	68.23	57.82	23.12	180.07	183.84	101.78	104.11	764.33
秦巴山区	333.64	118.76	146.66	21.11	0.70	6.48	80.41	68.14	27.26	212.19	219.37	48.20	195.63	1083.37
武陵山区	311.52	105.36	123.95	12.53	0.81	5.90	83.47	70.73	28.29	220.27	226.98	—	188.83	969.17
乌蒙山区	187.28	67.89	82.43	7.82	0.73	3.58	40.60	34.40	13.76	107.13	111.44	—	121.47	578.33
滇桂黔石漠化区	170.38	49.29	88.71	6.53	0.67	3.86	57.47	36.70	14.67	131.37	135.90	—	128.87	579.68
滇西边境山区	168.32	53.77	56.40	3.62	0.44	1.09	26.70	22.62	9.06	70.45	71.98	—	90.56	444.65
大兴安岭南麓山区	37.32	13.49	19.92	2.04	0.06	0.46	18.25	5.66	2.27	31.59	32.11	13.96	15.63	134.47
燕山—太行山区	66.09	26.17	90.49	2.22	0.11	5.91	30.02	7.88	3.16	49.55	55.57	21.80	23.17	285.51

(续)

集中连片特困地区	涵养水源（亿元/年）	保育土壤（亿元/年）	固碳释氧（亿元/年）	林木积累营养物质（亿元/年）	负离子（亿元/年）	吸收污染物（亿元/年）	净化大气环境 TSP（亿元/年）	净化大气环境 PM₁₀（亿元/年）	净化大气环境 PM₂.₅（亿元/年）	净化大气环境 小计（亿元/年）	合计（亿元/年）	森林防护（亿元/年）	生物多样性保护（亿元/年）	总计（亿元/年）
吕梁山区	50.31	26.19	28.58	5.29	0.17	1.17	19.91	16.87	6.75	52.54	53.88	14.49	32.91	211.65
大别山区	45.94	11.09	23.34	2.73	0.13	1.10	12.51	6.02	2.41	25.26	26.49	2.44	32.24	144.27
罗霄山区	39.35	15.89	15.18	1.49	0.10	0.47	10.92	9.26	3.70	28.82	29.39	—	19.91	121.21
西藏区	2.09	1.79	1.59	0.04	0.04	0.03	1.74	<0.01	<0.01	2.09	2.16	0.49	2.70	10.86
四省藏区	62.50	21.17	23.15	1.87	0.07	1.24	12.28	10.38	4.14	32.37	33.68	3.48	34.57	180.42
南疆四地州	1.86	6.15	6.88	0.04	0.22	0.22	8.40	0.02	<0.01	10.18	10.62	55.27	12.47	93.29
总计	1659.05	615.04	791.53	77.20	4.93	34.60	470.91	346.51	138.60	1153.88	1193.41	261.91	1003.07	5601.21

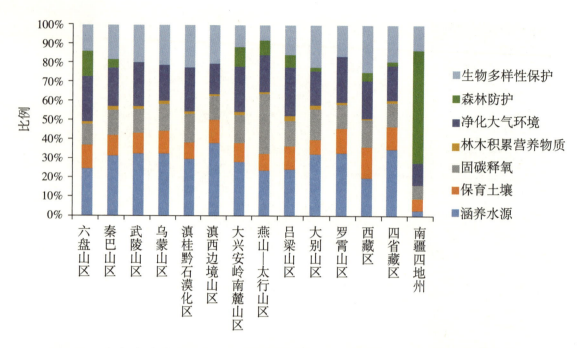

图4-2 集中连片特困地区各片区退耕还林工程各项生态效益价值量相对比例

积虽然相对较少，低于退耕还林工程总面积最大的秦巴山区的五分之一，但乌蒙山区有利于林木生长的水热条件，这使得其退耕还林工程生态效益总价值量相对较高，为秦巴山区退耕还林工程生态效益总价值量的53.38%。

图4-3是退耕还林工程各项生态效益价值量占集中连片特困地区退耕还林工程生态效益总价值量的比例分布。可以看出，集中连片特困地区退耕还林工程各项生态效益价值量中，涵养水源所占比例最大，为29.62%；其次为净化大气环境、生物多样性保护和固碳释氧，价值量所占比例分别为21.31%、17.91%和14.13%，除固碳释氧价值量所占比例有所下降以外，其余各项生态效益价值量所占比例与2016年退耕还林工程生态效益评估结果差异不是很大（中国森林生态服务功能评估项目组，2015；国家林业局，2016a）。固碳释氧价值量所占比例下降的原因为本次评估使用了由中国碳汇交易市场核算出的碳税加权平均价格值。在以往的评估中，固碳的价值量核算使用瑞士碳税价格。但鉴于我国已有新的碳汇交易市场，本报告用中国碳税价格计算退耕还林工程营造林分固碳释氧的价值，评估结果更加科学合理。由于使用国内碳税价格低于国际碳汇市场值（附表4），因此导致此次评估结果与其余评估结果的差异。

实施退耕还林工程，首要目的是恢复和改善生态环境，控制水土流失，减缓土地荒漠化。因此，在退耕还林工程植被恢复模式和林种的选择上，更侧重于涵养水源生态效益较高的方式。提高退耕还林林地的生物多样性，使其更接近于自然状态，是巩固退耕还林工程成果、增加退耕还林工程生态效益、促进退耕还林工程可持续发展的必要手段。此外，退耕还林工程实施十多年来，大多数新营造林分处于幼龄林或是中龄林阶段，在适宜的生

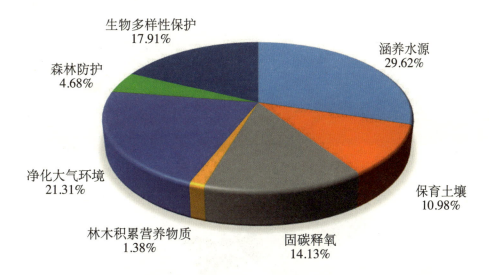

图4-3 集中连片特困地区退耕还林工程各项生态效益价值量比例

长条件下,相对于成熟林或过熟林,具有更长的固碳期,累积的固碳量会更多。由此可见,人为选择和退耕还林工程的特殊性决定了各项生态效益价值量间的比例关系。

集中连片特困地区退耕还林工程生态效益呈现出明显的地区差异,且各片区生态系统服务的主导功能也不尽相同。

(1) **涵养水源功能** 集中连片特困地区退耕还林工程涵养水源总价值量为1659.05亿元/年(表4-1),空间分布特征见图4-4。秦巴山区涵养水源价值量最高,为333.64亿元/年;其次是武陵山区、乌蒙山区、六盘山区、滇桂黔石漠化区和滇西边境山区,涵养水源价值量均在160.00亿~320.00亿元/年之间;其余各片区均低于70.00亿元/年。

(2) **净化大气环境功能** 集中连片特困地区退耕还林工程提供负离子总价值量为4.93亿元/年(表4-1)。武陵山区最高,其提供负离子价值量为0.81亿元/年;乌蒙山区、秦巴山区、六盘山区和滇桂黔石漠化区提供负离子价值量均在0.60亿~0.75亿元/年之间,上述五个片区提供负离子之和占提供负离子总价值量的72.82%;其余各片区均低于0.50亿元/年。

集中连片特困地区退耕还林工程吸收污染物总价值量为34.60亿元/年(表4-1)。秦巴山区吸收污染物的价值量最高,为6.48亿元/年;其次为燕山—太行山区,吸收污染物的价值量为5.91亿元/年;武陵山区、滇桂黔石漠化区、乌蒙山区和六盘山区吸收污染物的价值量均大于3.00亿元/年;其余片区吸收污染物的价值量均小于1.50亿元/年。

集中连片特困地区退耕还林工程滞尘总价值量为1153.88亿元/年(表4-1),空间分布特征见图4-5。武陵山区和秦巴山区滞尘的价值量最高,分别为220.27亿元/年和212.19亿元/年;六盘山区、滇桂黔石漠化区和乌蒙山区滞尘的价值量均在100.00亿元/年以上;其余各片区滞尘的价值量均小于80.00亿元/年。

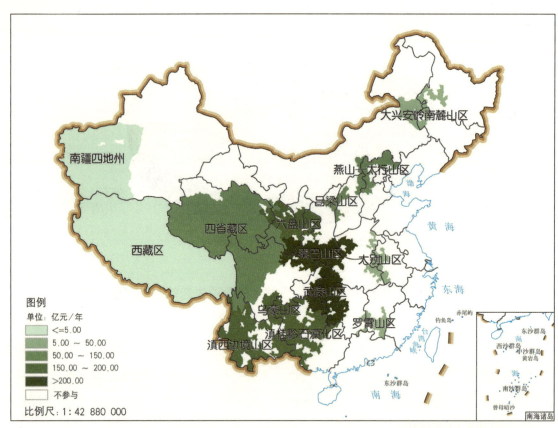

图4-4 集中连片特困地区各片区退耕还林工程涵养水源价值量空间分布

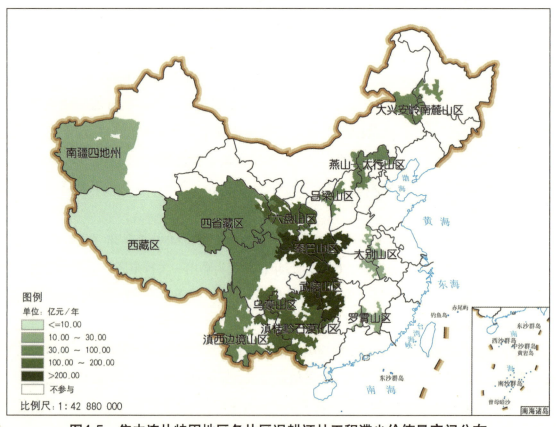

图4-5 集中连片特困地区各片区退耕还林工程滞尘价值量空间分布

集中连片特困地区退耕还林工程滞纳TSP总价值量为470.91亿元/年，其中滞纳PM_{10}和$PM_{2.5}$总价值量分别为346.51亿元/年和138.60亿元/年（表4-1），不同片区滞纳TSP价值量差异明显。武陵山区滞纳TSP价值量最高，为83.47亿元/年，滞纳PM_{10}和$PM_{2.5}$的价值量分别为70.73亿元/年和28.29亿元/年；秦巴山区、六盘山区、滇桂黔石漠化区和乌蒙山区滞纳TSP价值量均大于40.00亿元/年，滞纳PM_{10}价值量均大于30.00亿元/年，滞纳$PM_{2.5}$价值量均大于13.00亿元/年；其余各片区滞纳TSP价值量均低于35.00亿元/年，滞纳PM_{10}价值量均低于25.00亿元/年，滞纳$PM_{2.5}$价值量均低于10.00亿元/年。

（3）固碳释氧功能　集中连片特困地区退耕还林工程固碳释氧总价值量为791.53亿元/年（表4-1），空间分布特征见图4-6。秦巴山区固碳释氧价值量最高，为146.66亿元/年；武陵山区、燕山—太行山区、滇桂黔石漠化区、六盘山区、乌蒙山区和滇西边境山区次之，固碳释氧价值量均在55.00亿~130.00亿元/年之间；其余各片区固碳释氧价值量均低于30.00亿元/年。

（4）生物多样性保护功能　集中连片特困地区退耕还林工程生物多样性保护总价值量为1003.07亿元/年（表4-1），空间分布特征见图4-7。秦巴山区生物多样性保护价值量最高，生物多样性保护价值量为195.63亿元/年；其次为武陵山区，生物多样性保护价值量为188.83亿元/年；滇桂黔石漠化区、乌蒙山区和六盘山区生物多样性保护价值

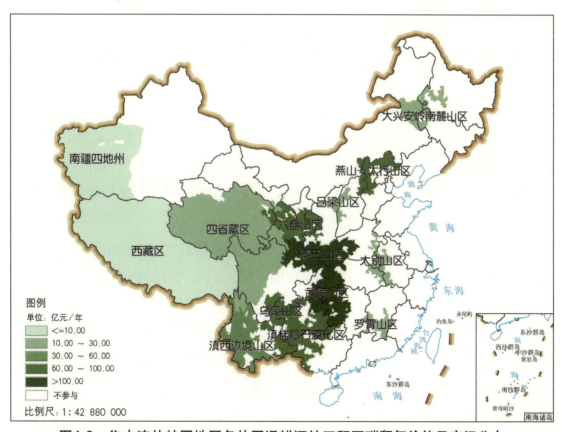

图4-6　集中连片特困地区各片区退耕还林工程固碳释氧价值量空间分布

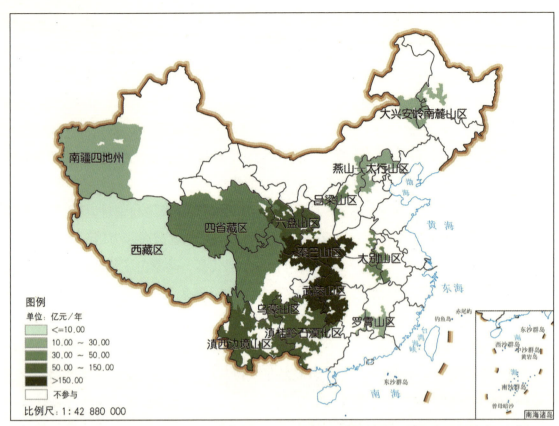

图4-7　集中连片特困地区各片区退耕还林工程生物多样性保护价值量空间分布

量均在100.00亿～130.00亿元/年之间；其余各片区生物多样性保护价值量均低于100.00亿元/年。

（5）**保育土壤功能**　集中连片特困地区退耕还林工程保育土壤总价值量为615.04亿元/年（表4-1）。秦巴山区保育土壤价值量最高，为118.76亿元/年；武陵山区次之，保育土壤价值量为105.36万吨/年；六盘山区、乌蒙山区、武陵山区、滇西边境山区、滇桂黔石漠化区、吕梁山区、燕山—太行山区和四省藏区保育土壤价值量均在20.00亿～100.00亿元/年之间；其余片区均低于20.00亿元/年。

（6）**森林防护功能**　集中连片特困地区退耕还林工程森林防护总价值量为261.91亿元/年（表4-1）。我国中南部地区的武陵山区、乌蒙山区、滇桂黔石漠化区、滇西边境山区和罗霄山区的退耕还林工程中没有营造防风固沙林，故其退耕还林工程生态效益价值量评估中不包含防风固沙功能，集中连片特困地区退耕还林工程森林防护价值量六盘山区最高，为101.78亿元/年，占森林防护总价值量的38.86%；南疆四地州和秦巴山区次之，分别为55.27亿元/年和48.20亿元/年；其余各片区森林防护价值量均小于25.00亿元/年。

(7) 林木积累营养物质功能　集中连片特困地区退耕还林工程林木积累营养物质总价值量为77.20亿元/年（表4-1）。秦巴山区林木积累营养价值量最高，为21.11亿元/年；武陵山区、六盘山区、乌蒙山区、滇桂黔石漠化区和吕梁山区次之，林木积累营养价值量均在5.00亿~15.00亿元/年；其余各片区林木积累营养价值量均低于5.00亿元/年。

4.2　三种植被恢复模式生态效益价值量评估

退耕还林工程建设内容包括退耕地还林、宜林荒山荒地造林和封山育林三种植被恢复模式。本节在退耕还林工程生态效益评估的基础之上，分别针对这三种植被恢复模式的价值量进行评估。

4.2.1　退耕地还林生态效益价值量评估

全国11个集中连片特困地区和3个实施特殊扶持政策的地区退耕地还林生态效益价值量及其分布如表4-2、图4-8和图4-9所示。集中连片特困地区退耕地还林营造林每年产生的生态效益总价值量为2216.34亿元，其中涵养水源600.23亿元，保育土壤291.18亿元，固碳释氧286.53亿元，林木积累营养物质35.59亿元，净化大气环境406.82亿元（其中，滞纳TSP 158.71亿元，滞纳PM_{10} 118.41亿元，滞纳$PM_{2.5}$ 47.37亿元），生物多样性保护476.52亿元，森林防护119.47亿元。

图4-8　集中连片特困地区退耕还林工程退耕地还林各项生态效益价值量比例

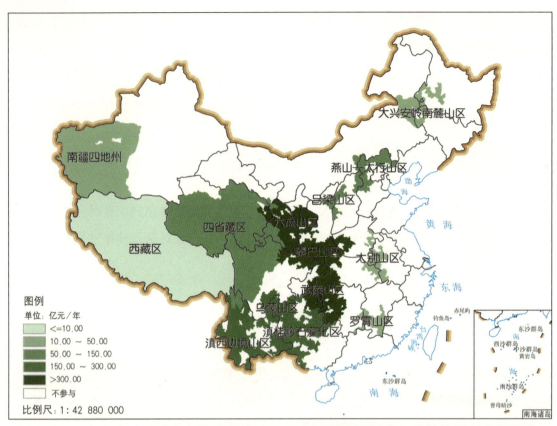

图4-9 集中连片特困地区各片区退耕还林工程退耕地还林生态效益价值量空间分布

对于不同退耕还林工程片区退耕地还林生态效益总价值量而言，秦巴山区退耕地还林生态效益价值量最大，为432.31亿元/年；武陵山区、六盘山区、乌蒙山区和滇桂黔石漠化区退耕地还林生态效益价值量次之，均在220.00亿～400.00亿元/年之间；燕山—太行山区和滇西边境山区退耕地还林生态效益价值量均在120.00亿～160.00亿元/年之间；其余片区退耕地还林生态效益总价值量均低于90.00亿元/年。

就各片区退耕还林工程退耕地还林的各项生态效益评估指标而言，各片区退耕地还林生态效益绝大多数更偏重于涵养水源功能和生物多样性保护功能，其涵养水源价值量所占比例均在0.99%～35.06%之间，生物多样性保护价值量所占比例均在9.03%～35.32%之间。林木积累营养物质价值量在各片区退耕还林工程退耕地还林生态效益价值量中所占比例均为最小（图4-10）。

《退耕还林条例》第十五条规定，水土流失严重，沙化、盐碱化、石漠化严重，生态地位重要、粮食产量低而不稳，江河源头及其两侧、湖库周围的陡坡耕地以及水土流失和风沙危害严重等生态地位重要区域的耕地可纳入退耕地还林的范围。现有坡耕地无论是土层厚度还是地形条件，都要好于荒山、荒坡、荒沟（裴新富等，2003）。而且，从中央到地方政府，对退耕地还林验收、核查等工作较为重视，同时给予退耕户的补贴也相对较高。因此，相对于宜林荒山荒地造林和封山育林，除了受到自然环境等客观因素影响外，

表4-2 集中连片特困地区各片区退耕还林工程退耕地还林生态效益价值量

集中连片特困地区	涵养水源（亿元/年）	保育土壤（亿元/年）	固碳释氧（亿元/年）	林木积累营养物质（亿元/年）	负离子（亿元/年）	吸收污染物（亿元/年）	净化大气环境					森林防护（亿元/年）	生物多样性保护（亿元/年）	总计（亿元/年）
							TSP（亿元/年）	PM$_{10}$（亿元/年）	PM$_{2.5}$（亿元/年）	小计（亿元/年）	合计（亿元/年）			
六盘山区	69.98	44.18	31.88	4.25	0.30	1.16	24.73	20.96	8.38	65.27	66.73	45.84	46.50	309.36
秦巴山区	130.04	54.35	54.87	9.16	0.32	2.21	26.81	22.72	9.09	70.72	73.25	22.00	88.64	432.31
武陵山区	111.44	48.79	41.99	6.04	0.41	2.11	30.55	25.89	10.35	80.58	83.10	—	88.63	379.99
乌蒙山区	69.77	43.26	30.36	4.98	0.55	1.33	14.87	12.60	5.04	39.23	41.11	—	75.33	264.81
滇桂黔石漠化区	55.76	25.63	29.80	3.54	0.36	1.29	18.25	11.36	4.54	41.73	43.38	—	62.62	220.73
滇西边境山区	51.19	25.07	17.97	1.77	0.23	0.35	8.28	7.01	2.81	21.84	22.42	—	41.01	159.43
大兴安岭南麓山区	11.26	4.53	5.77	0.52	0.02	0.13	4.80	1.80	0.72	8.31	8.46	4.37	5.00	39.91

(续)

集中连片特困地区	涵养水源（亿元/年）	保育土壤（亿元/年）	固碳释氧（亿元/年）	林木积累营养物质（亿元/年）	净化大气环境							森林防护（亿元/年）	生物多样性保护（亿元/年）	总计（亿元/年）
					负离子（亿元/年）	吸收污染物（亿元/年）	滞尘			小计（亿元/年）	合计（亿元/年）			
							TSP（亿元/年）	PM$_{10}$（亿元/年）	PM$_{2.5}$（亿元/年）					
燕山—太行山区	28.69	12.15	40.06	1.07	0.05	2.15	10.15	2.32	0.94	16.75	18.95	10.25	11.03	122.20
吕梁山区	18.83	10.68	10.79	2.25	0.07	0.38	5.91	5.00	2.00	15.58	16.03	6.17	13.52	78.27
大别山区	12.73	3.21	6.31	0.62	0.03	0.36	2.68	1.31	0.53	5.41	5.80	0.58	11.92	41.17
罗霄山区	11.84	3.49	4.37	0.32	0.02	0.15	3.45	2.93	1.17	9.12	9.29	—	4.46	33.77
西藏区	1.13	1.28	0.84	0.04	0.04	0.01	0.92	<0.01	<0.01	1.11	1.16	0.33	2.61	7.39
四省藏区	27.15	11.42	9.87	1.01	0.04	0.54	5.30	4.49	1.79	13.97	14.55	1.62	18.86	84.48
南疆四地州	0.42	3.14	1.65	0.02	0.10	0.05	2.01	<0.01	<0.01	2.44	2.59	28.31	6.39	42.52
总计	600.23	291.18	286.53	35.59	2.54	12.22	158.71	118.41	47.37	392.06	406.82	119.47	476.52	2216.34

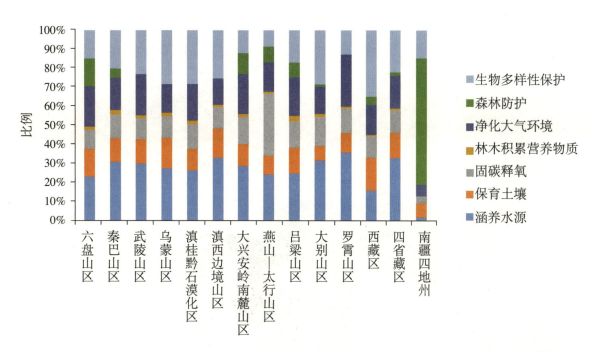

图4-10 集中连片特困地区各片区退耕还林工程退耕地还林各项生态效益价值量比例

退耕地还林还得到较好的人为维护,其长势更好,所产生的生态效益也更高。

集中连片特困地区退耕还林工程退耕地还林生态效益呈现出明显的地区差异,且各片区生态系统服务的主导功能也不尽相同。

(1) **涵养水源功能** 集中连片特困地区退耕还林工程退耕地还林涵养水源总价值量为600.23亿元/年(表4-2),空间分布特征见图4-11。秦巴山区涵养水源价值量最高,为130.04亿元/年;其次是武陵山区,涵养水源价值量为111.44亿元/年;六盘山区、乌蒙山区、滇桂黔石漠化区和滇西边境山区,涵养水源价值量均在50.00亿~70.00亿元/年之间;其余各片区均低于30.00亿元/年。

(2) **净化大气环境功能** 集中连片特困地区退耕还林工程退耕地还林提供负离子总价值量为2.54亿元/年(表4-2)。乌蒙山区最高,其提供负离子价值量为0.55亿元/年,占提供负离子总价值量的21.65%;武陵山区、秦巴山区、滇桂黔石漠化区、六盘山区和滇西边境山区提供负离子价值量在0.20亿~0.50亿元/年之间,以上五个片区分退耕地还林提供负离子之和占提供负离子总价值量的63.78%;其余各片区均低于或等于0.10亿元/年。

集中连片特困地区退耕还林工程退耕地还林吸收污染物总价值量为12.22亿元/年(表4-2)。秦巴山区吸收污染物的价值量最高,为2.21亿元/年;燕山—太行山区次之,吸收污染物的价值量为2.15亿元/年;武陵山区、乌蒙山区、滇桂黔石漠化区和六盘山区退耕地还林吸收污染物的价值量在1.00亿元/年之上;其余各片区吸收污染物的价值量均小于1.00亿元/年。

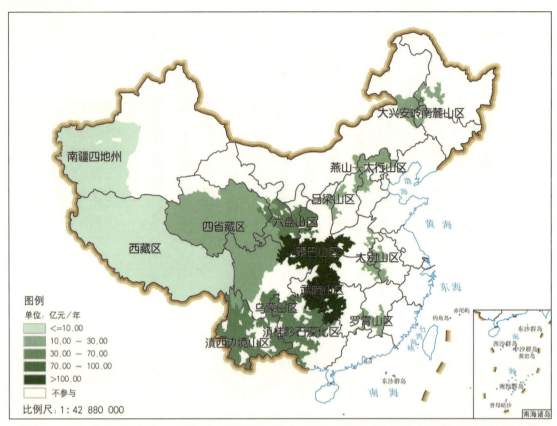

图4-11 集中连片特困地区各片区退耕还林工程退耕地还林涵养水源价值量空间分布

集中连片特困地区退耕还林工程退耕地还林滞尘总价值量为392.06亿元/年（表4-2），空间分布特征见图4-12。武陵山区滞尘的价值量最高，为80.58亿元/年；秦巴山区、六盘山区、滇桂黔石漠化区、乌蒙山区和滇西边境山区滞尘的价值量均在20.00亿～75.00亿元/年之间；其余各片区滞尘的价值量均小于20.00亿元/年。

集中连片特困地区退耕地还林滞纳TSP总价值量为158.71亿元/年，其中滞纳PM_{10}和$PM_{2.5}$总价值量分别为118.41亿元/年和47.37亿元/年（表4-2），不同片区退耕地还林滞纳TSP价值量差异明显。武陵山区滞纳TSP价值量最高，为30.55亿元/年，滞纳PM_{10}和$PM_{2.5}$的价值量分别为25.89亿元/年和10.35亿元/年；秦巴山区和六盘山区滞纳TSP价值量次之，分别为26.81亿元/年和24.73亿元/年，滞纳PM_{10}和$PM_{2.5}$的价值量分别在20.00亿～23.00亿元/年之间和8.00亿～10.00亿元/年之间；滇桂黔石漠化区、乌蒙山区和燕山—太行山区滞纳TSP价值量均在10.00亿～20.00亿元/年之间；其余各片区滞纳TSP价值量均低于9.00亿元/年。

（3）**固碳释氧功能** 集中连片特困地区退耕地还林固碳释氧总价值量为286.53亿元/年（表4-2），空间分布特征见图4-13。秦巴山区固碳释氧价值量最高，固碳释氧价值量为54.87亿元/年；其次为武陵山区和燕山—太行山区，固碳释氧价值量分别为41.99亿元/年和40.06亿元/年；六盘山区、乌蒙山区和滇桂黔石漠化区固碳释氧价值量均在25.00亿～35.00亿元/年之间；其余各片区固碳释氧价值量均低于20.00亿元/年。

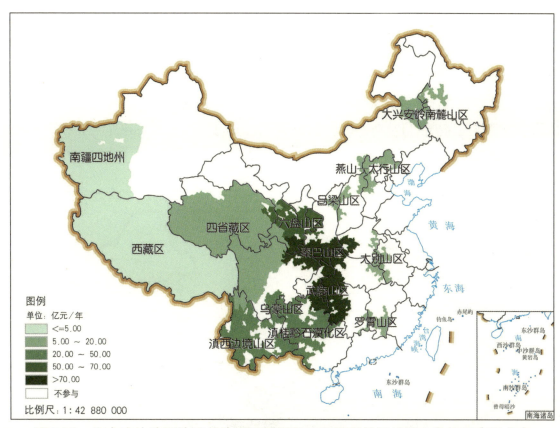

图4-12 集中连片特困地区各片区退耕还林工程退耕地还林滞尘价值量空间分布

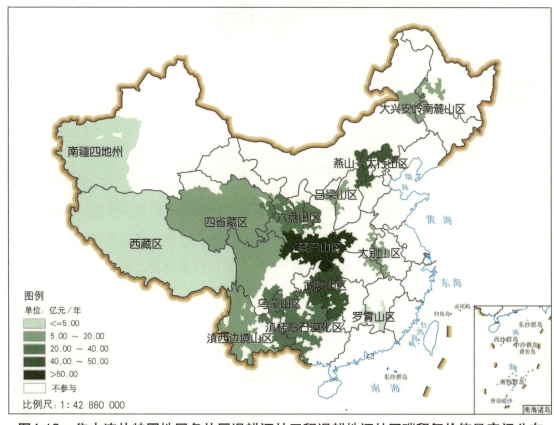

图4-13 集中连片特困地区各片区退耕还林工程退耕地还林固碳释氧价值量空间分布

(4)生物多样性保护功能　集中连片特困地区退耕地还林生物多样性保护总价值量为476.52亿元/年（表4-2），空间分布特征见图4-14。秦巴山区和武陵山区生物多样性保护价值量最高，生物多样性保护价值量分别为88.64亿元/年和88.63亿元/年；其次为乌蒙山区，生物多样性保护价值量为75.33亿元/年；滇桂黔石漠化区、六盘山区和滇西边境山区生物多样性保护价值量均在40.00亿~70.00亿元/年之间；其余各片区生物多样性保护价值量均低于20.00亿元/年。

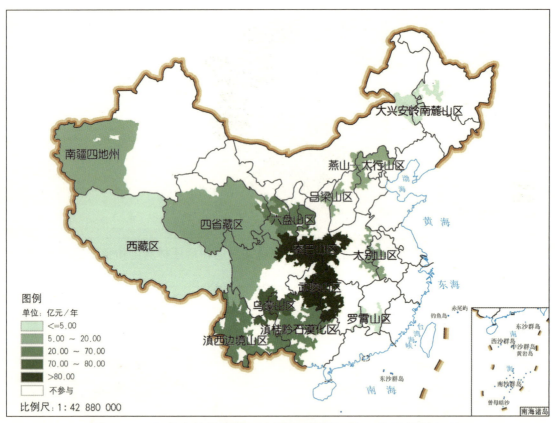

图4-14　集中连片特困地区各片区退耕还林工程退耕地还林生物多样性保护价值量空间分布

(5)保育土壤功能　集中连片特困地区退耕地还林保育土壤总价值量为291.18亿元/年（表4-2）。秦巴山区保育土壤价值量最高，为54.35亿元/年；武陵山区、六盘山区、乌蒙山区、滇桂黔石漠化区和滇西边境山区保育土壤价值量均在25.00亿~50.00亿元/年之间；其余各片区均低于15.00亿元/年。

(6)森林防护功能　集中连片特困地区退耕地还林森林防护总价值量为119.47亿元/年（表4-2）。六盘山区最高，为45.84亿元/年，占森林防护总价值量的38.37%；南疆四地州和秦巴山区次之，分别为28.31亿元/年和22.00亿元/年；其余片区森林防护价值量均小于15.00亿元/年。

(7)林木积累营养物质功能　集中连片特困地区退耕地还林的林木积累营养物质总

价值量为35.59亿元/年（表4-2）。秦巴山区林木积累营养价值量最高，为9.16亿元/年；其次为武陵山区、乌蒙山区、六盘山区、滇桂黔石漠化区、吕梁山区、滇西边境山区、燕山—太行山区和四省藏区林木积累营养物质价值量均在1.00亿～7.00亿元/年之间；其余各片区林木积累营养价值量均低于1.00亿元/年。

4.2.2 宜林荒山荒地造林生态效益价值量评估

集中连片特困地区退耕还林工程宜林荒山荒地造林生态效益价值量及其分布如表4-3、图4-15和图4-16所示。集中连片特困地区各片区退耕还林工程宜林荒山荒地造林每年产生的生态效益总价值量为2837.43亿元。其中，涵养水源857.46亿元，保育土壤276.95亿元，固碳释氧423.55亿元，林木积累营养物质35.73亿元，净化大气环境654.17亿元（其中，滞纳TSP 257.73亿元，滞纳PM_{10} 192.71亿元，滞纳$PM_{2.5}$ 77.08亿元），生物多样性保护446.87亿元，森林防护124.70亿元。

对于不同片区退耕还林工程宜林荒山荒地造林生态效益总价值量而言，秦巴山区宜林荒山荒地造林生态效益价值量最大，为554.14亿元/年；武陵山区宜林荒山荒地造林生态效益价值量次之，为502.94亿元/年；六盘山区、滇桂黔石漠化区、乌蒙山区和滇西边境山区宜林荒山荒地造林生态效益价值量均在200.00亿～420.00亿元/年之间；其余各片区均在130.00亿元/年以下。

就各片区退耕还林工程宜林荒山荒地造林各项生态效益评估指标而言，各片区宜林荒山荒地造林生态效益绝大多数为涵养水源价值量所占比重最大，均在2.65%～40.60%之

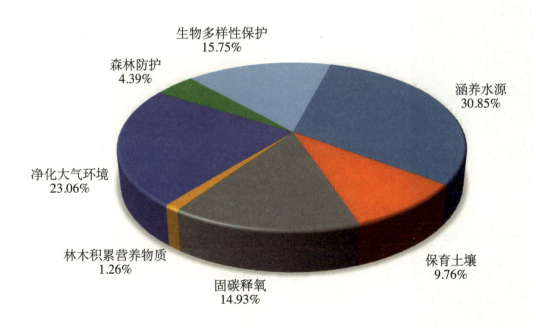

图4-15 集中连片特困地区退耕还林工程宜林荒山荒地造林各项生态效益价值量比例

表4-3 集中连片特困地区各片区退耕还林工程宜林宜荒山荒地造林生态效益价值量

集中连片特困地区	涵养水源（亿元/年）	保育土壤（亿元/年）	固碳释氧（亿元/年）	林木积累营养物质（亿元/年）	负离子（亿元/年）	吸收污染物（亿元/年）	净化大气环境					森林防护（亿元/年）	生物多样性保护（亿元/年）	总计（亿元/年）
							TSP（亿元/年）	PM$_{10}$（亿元/年）	PM$_{2.5}$（亿元/年）	小计（亿元/年）	合计（亿元/年）			
六盘山区	99.80	49.91	47.07	5.15	0.35	1.71	39.01	33.06	13.22	102.95	105.01	51.89	53.31	412.14
秦巴山区	172.04	55.60	79.05	10.13	0.32	3.59	44.95	38.09	15.23	118.64	122.55	22.58	92.19	554.14
武陵山区	166.56	48.96	70.93	5.68	0.35	3.24	45.65	38.68	15.48	120.50	124.09	—	86.72	502.94
乌蒙山区	95.06	21.11	42.77	2.35	0.15	1.84	20.97	17.77	7.11	55.35	57.34	—	39.28	257.91
滇桂黔石漠化区	91.51	18.96	48.33	2.41	0.25	2.11	32.27	20.76	8.30	73.76	76.12	—	52.90	290.23
滇西边境山区	90.98	23.41	29.74	1.51	0.17	0.58	14.13	11.97	4.79	37.28	38.03	—	40.41	224.08
大兴安岭南麓山区	21.26	7.34	11.56	1.24	0.03	0.27	9.77	3.42	1.37	16.91	17.21	7.94	8.69	75.24

(续)

集中连片特困地区	涵养水源(亿元/年)	保育土壤(亿元/年)	固碳释氧(亿元/年)	林木积累营养物质(亿元/年)	净化大气环境							森林防护(亿元/年)	生物多样性保护(亿元/年)	总计(亿元/年)
					负离子(亿元/年)	吸收污染物(亿元/年)	滞尘						
							TSP(亿元/年)	PM₁₀(亿元/年)	PM₂.₅(亿元/年)	小计(亿元/年)	合计(亿元/年)			
燕山—太行山区	30.13	11.70	39.85	1.07	0.05	2.78	13.49	4.74	1.90	22.26	25.09	9.61	10.53	127.98
吕梁山区	27.04	14.27	15.32	2.83	0.09	0.67	11.83	10.03	4.01	31.23	31.99	7.75	17.87	117.07
大别山区	28.07	7.07	14.84	1.89	0.09	0.66	8.53	4.16	1.66	17.23	17.98	1.57	18.09	89.51
罗霄山区	21.27	9.61	8.38	0.91	0.06	0.26	6.10	5.17	2.07	16.09	16.41	—	11.99	68.57
西藏藏区	0.48	0.28	0.38	<0.01	<0.01	<0.01	0.42	<0.01	<0.01	0.50	0.51	0.09	0.05	1.79
四省藏区	30.19	6.31	11.34	0.54	0.02	0.58	5.73	4.85	1.94	15.11	15.71	1.48	9.94	75.51
南疆四地州	1.07	2.42	3.99	0.02	0.10	0.13	4.88	0.01	<0.01	5.90	6.13	21.79	4.90	40.32
总计	875.46	276.95	423.55	35.73	2.03	18.43	257.73	192.71	77.08	633.71	654.17	124.70	446.87	2837.43

间。林木积累营养物质价值量在各片区退耕还林工程宜林荒山荒地造林生态效益价值量中所占比例均为最小（图4-17）。

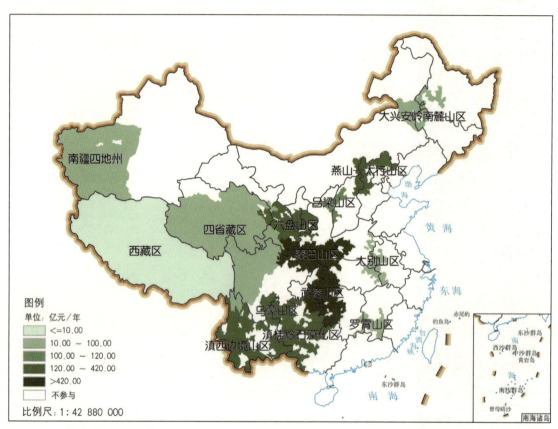

图4-16　集中连片特困地区各片区退耕还林工程宜林荒山荒地造林生态效益价值量空间分布

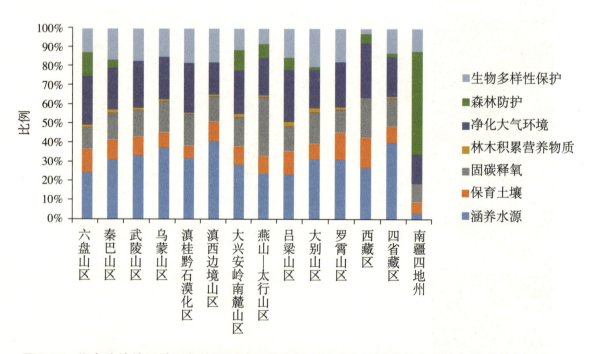

图4-17　集中连片特困地区各片区退耕还林工程宜林荒山荒地造林各项生态效益价值量比例

在干旱少雨的北方地区，宜林荒山荒地水资源缺乏，不适于需水量较大的生态林生长。据统计，在宜林荒山荒地中，不适宜发展乔木林的区域面积占宜林荒山荒地总面积的一半左右（吴永彬等，2010），在干旱少雨、水土流失和风沙灾害较为严重地区的宜林荒山荒地，种植灌木树种，尤其是乡土旱生和中生灌木，以及极强耐旱性和广泛适应性乔木树种，更能有效发挥其生态效益。

集中连片特困地区退耕还林工程宜林荒山荒地造林生态效益呈现出明显的地区差异，且各片区生态系统服务的主导功能也不尽相同。

（1）**涵养水源功能** 集中连片特困地区退耕还林工程宜林荒山荒地造林涵养水源总价值量为875.46亿元/年（表4-3），空间分布特征见图4-18。秦巴山区涵养水源价值量最高，为172.04亿元/年；其次是武陵山区、六盘山区、乌蒙山区、滇桂黔石漠化区和滇西边境山区涵养水源价值量均在90.00亿~170.00亿元/年之间；其余各片区涵养水源价值量均低于31.00亿元/年。

（2）**净化大气环境功能** 集中连片特困地区退耕还林工程宜林荒山荒地造林提供负离子总价值量为2.03亿元/年（表4-3）。六盘山区和武陵山区最高，其提供负离子价值量均为0.35亿元/年，秦巴山区、滇桂黔石漠化区、滇西边境山区和乌蒙山区提供负离子

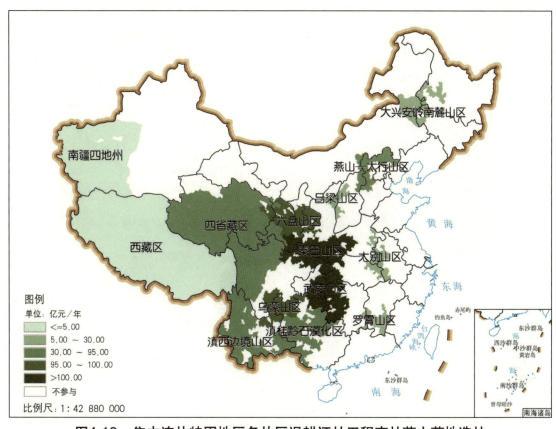

图4-18 集中连片特困地区各片区退耕还林工程宜林荒山荒地造林
涵养水源价值量空间分布

价值量在0.15亿～0.40亿元/年之间，以上六个片区退耕地还林提供负离子之和占提供负离子总价值量的78.33%；其余各片区均低于0.10亿元/年。

集中连片特困地区退耕还林工程宜林荒山荒地造林吸收污染物总价值量为18.43亿元/年（表4-3）。秦巴山区吸收污染物的价值量最高，为3.59亿元/年；武陵山区次之，吸收污染物的价值量为3.24亿元/年；燕山—太行山区和滇桂黔石漠化区吸收污染物的价值量均在2.00亿～3.00亿元/年之间；其余各片区吸收污染物的价值量均小于2.00亿元/年。

集中连片特困地区退耕还林工程宜林荒山荒地造林滞尘总价值量为633.71亿元/年（表4-3），空间分布特征见图4-19。武陵山区滞尘的价值量最高，为120.50亿元/年；秦巴山区和六盘山区次之，滞尘的价值量分别为118.64亿元/年和102.95亿元/年；滇桂黔石漠化区和乌蒙山区滞尘的价值量均在55.00亿～80.00亿元/年之间；其余各片区滞尘的价值量均小于40.00亿元/年。

集中连片特困地区退耕还林工程宜林荒山荒地造林滞纳TSP总价值量为257.73亿元/年，其中滞纳PM_{10}和$PM_{2.5}$总价值量分别为192.71亿元/年和77.08亿元/年（表4-3），不同片区宜林荒山荒地造林滞纳TSP价值量差异明显。武陵山区和秦巴山区滞纳TSP价值量最高，分别为45.65亿元/年和44.95亿元/年，滞纳PM_{10}和$PM_{2.5}$的价值量分别大于38.00亿元/年和15.00

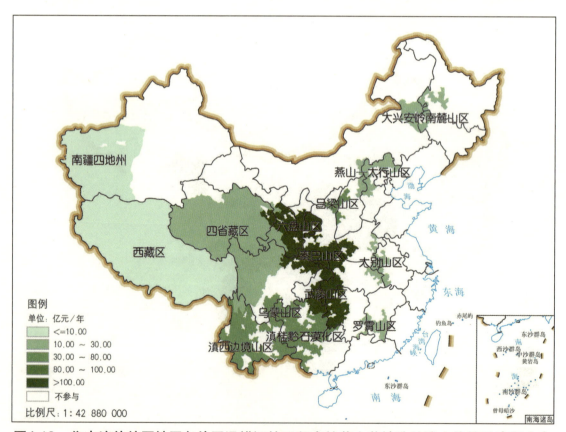

图4-19　集中连片特困地区各片区退耕还林工程宜林荒山荒地造林滞尘价值量空间分布

亿元/年；六盘山区、滇桂黔石漠化区和乌蒙山区滞纳TSP价值量均在20.00亿～40.00亿元/年之间，其余各片区滞纳TSP价值量均低于15.00亿元/年。

（3）**固碳释氧功能** 集中连片特困地区退耕还林工程宜林荒山荒地造林固碳释氧总价值量为423.55亿元/年（表4-3），空间分布特征见图4-20。秦巴山区固碳释氧价值量最高，为79.05亿元/年；武陵山区次之，固碳释氧价值量为70.93亿元/年；滇桂黔石漠化区、六盘山区和乌蒙山区固碳释氧价值量均在40.00亿～50.00亿元/年之间；燕山—太行山区和滇西边境山区固碳释氧价值量均在29.00亿～40.00亿元/年之间；其余各片区固碳释氧价值量均低于20.00亿元/年。

（4）**生物多样性保护功能** 集中连片特困地区退耕还林工程宜林荒山荒地造林生物多样性保护总价值量为446.87亿元/年（表4-3），空间分布特征见图4-21。秦巴山区生物多样性保护价值量最高，为92.19亿元/年；武陵山区、六盘山区、滇桂黔石漠化区、滇西边境山区和乌蒙山区次之，生物多样性保护价值量均在35.00亿～90.00亿元/年之间；其余各片区生物多样性保护价值量均低于20.00亿元/年。

（5）**保育土壤功能** 集中连片特困地区退耕还林工程宜林荒山荒地造林保育土壤总价值量为276.95亿元/年（表4-3）。秦巴山区保育土壤价值量最高，为55.60亿元/

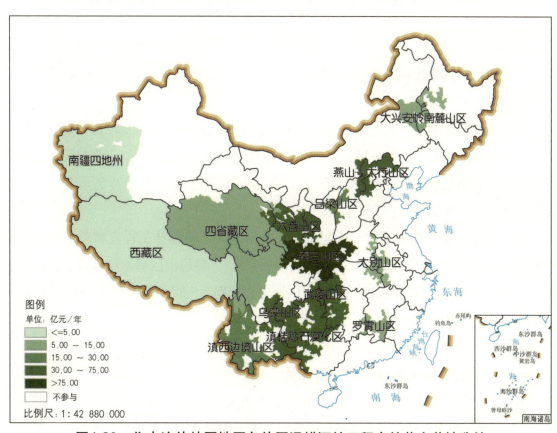

图4-20 集中连片特困地区各片区退耕还林工程宜林荒山荒地造林固碳释氧价值量空间分布

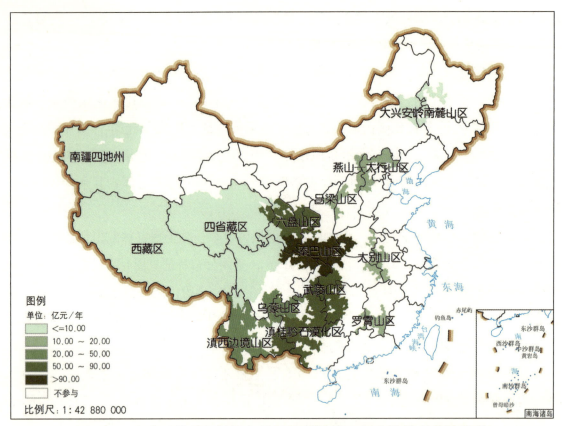

图4-21 集中连片特困地区各片区退耕还林工程宜林荒山荒地造林
生物多样性保护价值量空间分布

年；六盘山区、武陵山区、滇西边境山区和乌蒙山区次之，保育土壤价值量均在20.00亿～50.00亿元/年之间；其余各片区均低于20.00亿元/年。

（6）**森林防护功能** 集中连片特困地区退耕还林工程宜林荒山荒地造林森林防护总价值量为124.70亿元/年（表4-3）。六盘山区最高，为51.89亿元/年，占森林防护总价值量的41.61%；秦巴山区和南疆四地州次之，分别为22.58亿元/年和21.79亿元/年；其余各片区森林防护价值量均小于10.00亿元/年。

（7）**林木积累营养物质功能** 集中连片特困地区退耕还林工程宜林荒山荒地造林林木积累营养物质总价值量为35.73亿元/年（表4-3）。秦巴山区林木积累营养价值量最高，为10.13亿元/年；武陵山区和六盘山区次之，分别为5.68亿元/年和5.15亿元/年；其余各片区林木积累营养价值量均低于3.00亿元/年。

4.2.3 封山育林生态效益价值量评估

集中连片特困地区退耕还林工程封山育林生态效益价值量及其分布如表4-4、图4-22和图4-23所示。集中连片特困地区各片区退耕还林工程封山育林每年产生的生态效益总价值量为547.44亿元，其中涵养水源183.36亿元，保育土壤46.91亿元，固碳释氧81.45亿元，

第四章 集中连片特困地区退耕还林工程生态效益价值量评估

表4-4 集中连片特困地区各片区退耕还林工程封山育林生态效益价值量

集中连片特困地区	涵养水源(亿元/年)	保育土壤(亿元/年)	固碳释氧(亿元/年)	林木积累营养物质(亿元/年)	负离子(亿元/年)	吸收污染物(亿元/年)	净化大气环境					森林防护(亿元/年)	生物多样性保护(亿元/年)	总计(亿元/年)
							滞尘						
							TSP(亿元/年)	PM₁₀(亿元/年)	PM₂.₅(亿元/年)	小计(亿元/年)	合计(亿元/年)			
六盘山区	12.67	3.94	5.30	0.47	0.03	0.22	4.49	3.80	1.52	11.85	12.10	4.05	4.30	42.83
秦巴山区	31.56	8.81	12.74	1.82	0.06	0.68	8.65	7.33	2.94	22.83	23.57	3.62	14.80	96.92
武陵山区	33.52	7.61	11.03	0.81	0.05	0.55	7.27	6.16	2.46	19.19	19.79	—	13.48	86.24
乌蒙山区	22.45	3.52	9.30	0.49	0.03	0.41	4.76	4.03	1.61	12.55	12.99	—	6.86	55.61
滇桂黔石漠化区	23.11	4.70	10.58	0.58	0.06	0.46	6.95	4.58	1.83	15.88	16.40	—	13.35	68.72
滇西边境山区	26.15	5.29	8.69	0.34	0.04	0.16	4.29	3.64	1.46	11.33	11.53	—	9.14	61.14
大兴安岭南麓山区	4.80	1.62	2.59	0.28	0.01	0.06	3.68	0.44	0.18	6.37	6.44	1.65	1.94	19.32

(续)

集中连片特困地区	涵养水源（亿元/年）	保育土壤（亿元/年）	固碳释氧（亿元/年）	林木积累营养物质（亿元/年）	净化大气环境							森林防护（亿元/年）	生物多样性保护（亿元/年）	总计（亿元/年）
					负离子（亿元/年）	吸收污染物（亿元/年）	滞尘			合计（亿元/年）				
							TSP（亿元/年）	PM₁₀（亿元/年）	PM₂.₅（亿元/年）	小计（亿元/年）				
燕山—太行山区	7.27	2.32	10.58	0.08	0.01	0.98	6.38	0.82	0.32	10.54	11.53	1.94	1.61	35.33
吕梁山区	4.44	1.24	2.47	0.21	0.01	0.12	2.17	1.84	0.74	5.73	5.86	0.57	1.52	16.31
大别山区	5.14	0.81	2.19	0.22	0.01	0.08	1.30	0.55	0.22	2.62	2.71	0.29	2.23	13.59
罗霄山区	6.24	2.79	2.43	0.26	0.02	0.06	1.37	1.16	0.46	3.61	3.69	—	3.46	18.87
西藏区	0.48	0.23	0.37	—	—	0.01	0.40	<0.01	<0.01	0.48	0.49	0.07	0.04	1.68
四省藏区	5.16	3.44	1.94	0.32	0.01	0.12	1.25	1.04	0.41	3.29	3.42	0.38	5.77	20.43
南疆四地州	0.37	0.59	1.24	<0.01	0.02	0.04	1.51	<0.01	<0.01	1.84	1.90	5.17	1.18	10.45
总计	183.36	46.91	81.45	5.88	0.36	3.95	54.47	35.39	14.15	128.11	132.42	17.74	79.68	547.44

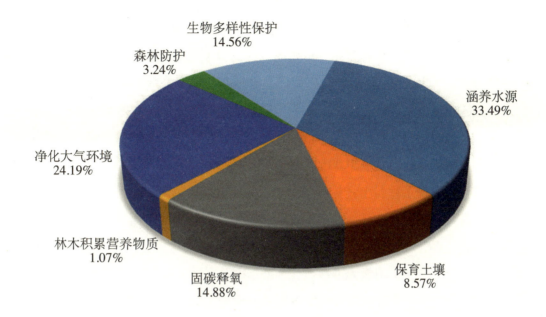

图4-22 集中连片特困地区退耕还林工程封山育林各项生态效益价值量比例

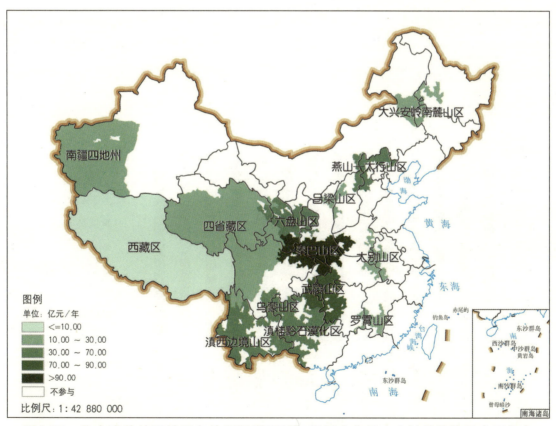

图4-23 集中连片特困地区各片区退耕还林工程封山育林生态效益价值量空间分布

林木积累营养物质5.88亿元，净化大气环境132.42亿元（其中，滞纳TSP 54.47亿元，滞纳PM$_{10}$ 35.39亿元，滞纳PM$_{2.5}$ 14.15亿元），生物多样性保护79.68亿元，森林防护17.74亿元。

对于不同片区退耕还林工程封山育林生态效益总价值量而言，秦巴山区封山育林生态效益价值量最大，为96.92亿元/年；封山育林生态效益价值量在50.00亿～90.00亿元/年之间的片区为武陵山区、滇桂黔石漠化区、滇西边境山区和乌蒙山区；六盘山区、燕山—太行山区和四省藏区封山育林生态效益价值量均在20.00亿～50.00亿元/年之间；其余各片区封山育林生态效益价值量均低于20.00亿元/年。

就各片区退耕还林工程封山育林各项生态效益评估指标而言，绝大多数为涵养水源价值量所占比重最大，均在24.84%～42.77%之间，燕山—太行山区和西藏区以净化大气环境功能为主，占比在29.17%～32.64%，南疆四地州以森林防护功能为主，占比为49.47%，四省藏区以生物多样性保护功能为主，占比为28.24%。林木积累营养物质价值量在各片区退耕还林工程封山育林生态效益总价值量中所占比例均为最小（图4-24）。

集中连片特困地区退耕还林工程封山育林生态效益呈现出明显的地区差异，且各片区生态系统服务的主导功能也不尽相同。

（1）涵养水源功能　集中连片特困地区退耕还林工程封山育林涵养水源总价值量为183.36亿元/年（表4-4），空间分布特征见图4-25。武陵山区和秦巴山区涵养水源价值量最高，分别为33.52亿元/年和31.56亿元/年；其次是滇西边境山区、滇桂黔石漠化区和乌蒙山区，涵养水源价值量均在20.00亿～30.00亿元/年之间；其余各片区均低于13.00亿元/年。

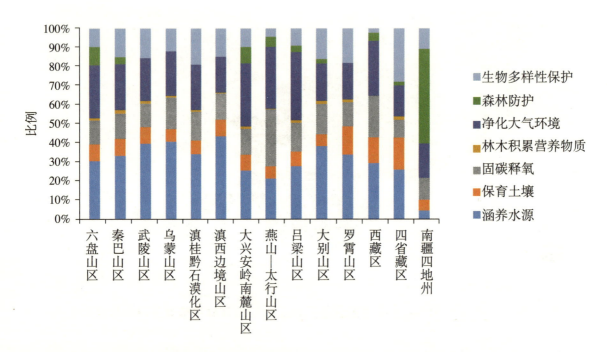

图4-24　集中连片特困地区各片区退耕还林工程封山育林各项生态效益价值量比例

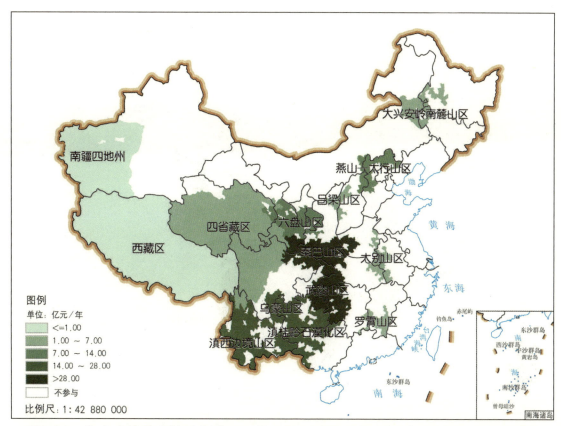

图4-25 集中连片特困地区各片区退耕还林工程封山育林涵养水源价值量空间分布

(2) 净化大气环境功能　集中连片特困地区退耕还林工程封山育林提供负离子总价值量为0.36亿元/年（表4-4）。秦巴山区、滇桂黔石漠化区、武陵山区、滇西边境山区、乌蒙山区和六盘山区提供负离子价值量在0.03亿～0.07亿元/年之间，以上六个片区退耕地还林提供负离子之和占提供负离子总价值量的75.00%；其余各片区均低于0.03亿元/年。

集中连片特困地区退耕还林工程封山育林吸收污染物总价值量为3.95亿元/年（表4-4）。燕山—太行山区吸收污染物的价值量最高，为0.98亿元/年；秦巴山区次之，吸收污染物的价值量为0.68亿元/年；其余各片区吸收污染物的价值量均小于0.60亿元/年。

集中连片特困地区退耕还林工程封山育林滞尘总价值量为128.11亿元/年（表4-4），空间分布特征见图4-26。秦巴山区滞尘的价值量最高，为22.83亿元/年；武陵山区、滇桂黔石漠化区、乌蒙山区、六盘山区、滇西边境山区和燕山—太行山区滞尘的价值量均在10.00亿～20.00亿元/年之间；其余各片区滞尘的价值量均小于7.00亿元/年。

集中连片特困地区退耕还林工程封山育林滞纳TSP总价值量为54.47亿元/年，滞纳PM_{10}和$PM_{2.5}$总价值量分别为35.39亿元/年和14.15亿元/年（表4-4），不同片区封山育林滞

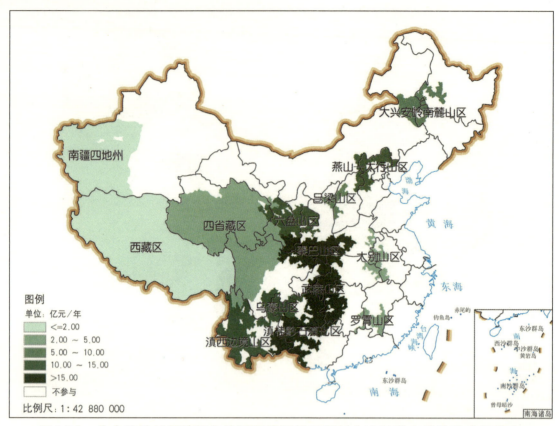

图4-26　集中连片特困地区各片区退耕还林工程封山育林滞尘价值量空间分布

纳TSP价值量差异明显。秦巴山区滞纳TSP价值量最高，为8.65亿元/年，滞纳PM_{10}和$PM_{2.5}$的价值量分别为7.33亿元/年和2.94亿元/年；武陵山区、滇桂黔石漠化区、燕山—太行山区、乌蒙山区、六盘山区和滇西边境山区滞纳TSP价值量均在4.00亿~8.00亿元/年之间；其余各片区滞纳TSP价值量均低于4.00亿元/年。

（3）**固碳释氧功能**　集中连片特困地区退耕还林工程封山育林固碳释氧总价值量为81.45亿元/年（表4-4），空间分布特征见图4-27。秦巴山区固碳释氧价值量最高，为12.74亿元/年；其次为武陵山区、滇桂黔石漠化区和燕山—太行山区，固碳释氧价值量均在10.00亿~12.00亿元/年之间；乌蒙山区、滇西边境山区和六盘山区固碳释氧价值量均在5.00亿~10.00亿元/年之间；其余片区固碳释氧价值量均低于3.00亿元/年。

（4）**生物多样性保护功能**　集中连片特困地区退耕还林工程封山育林生物多样性保护总价值量为79.68亿元/年（表4-4），空间分布特征见图4-28。秦巴山区生物多样性保护价值量最高为14.80亿元/年；其次为武陵山区和滇桂黔石漠化区，生物多样性保护价值量分别为13.48亿元/年和13.35亿元/年；滇西边境山区、乌蒙山区和四省藏区生物多样性保护价值量均在5.00亿~10.00亿元/年之间；其余片区生物多样性保护价值量均低于5.00亿元/年。

第四章 集中连片特困地区退耕还林工程生态效益价值量评估

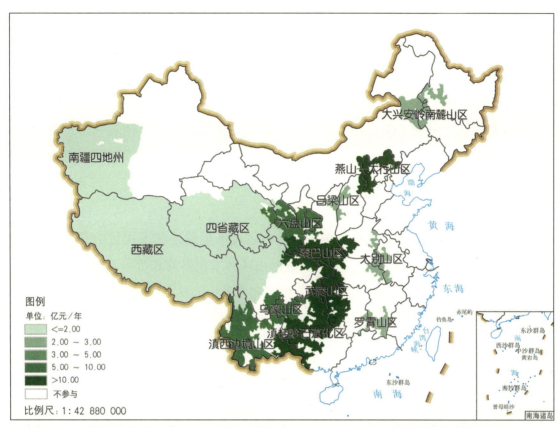

图4-27 集中连片特困地区各片区退耕还林工程封山育林固碳释氧价值量空间分布

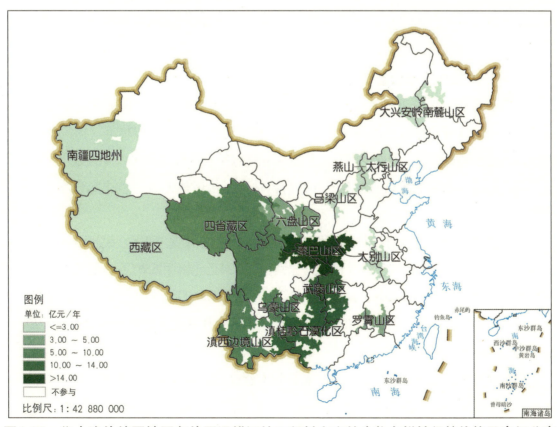

图4-28 集中连片特困地区各片区退耕还林工程封山育林生物多样性保护价值量空间分布

（5）保育土壤功能　集中连片特困地区退耕还林工程封山育林保育土壤总价值量为46.91亿元/年（表4-4）。秦巴山区保育土壤价值量最高，为8.81亿元/年；武陵山区、滇西边境山区和滇桂黔石漠化区保育土壤价值量均在4.00亿～8.00亿元/年之间；其余片区均低于4.00亿元/年。

（6）森林防护功能　集中连片特困地区退耕还林工程封山育林森林防护总价值量为17.74亿元/年（表4-4）。南疆四地州最高，为5.17亿元/年，占森林防护总价值量的29.14%；六盘山区和秦巴山区次之，分别为4.05亿元/年和3.62亿元/年；其余片区森林防护价值量均小于2.00亿元/年。

（7）林木积累营养物质功能　集中连片特困地区退耕还林工程封山育林林木积累营养总价值量为5.88亿元/年（表4-4）。秦巴山区林木积累营养价值量最高，为1.82亿元/年；武陵山区、滇桂黔石漠化区、乌蒙山区和六盘山区林木积累营养价值量均在0.40亿～0.90亿元/年之间；其余片区林木积累营养价值量均低于0.40亿元/年。

4.3 三种林种生态效益价值量评估

本报告中林种类型依据《国家森林资源连续清查技术规定》，结合退耕还林工程实际情况分为生态林、经济林和灌木林三种林种。三种林种中，生态林和经济林的划定以国家林业局《退耕还林工程生态林与经济林认定标准》（林退发〔2001〕550号）为依据。

4.3.1 生态林生态效益价值量评估

生态林是指在退耕还林工程中，营造以减少水土流失和风沙危害等生态效益为主要目的的林木，主要包括水土保持林、水源涵养林、防风固沙林和竹林等（国家林业局，2001）。由于涵养水源、固碳、滞尘和生物多样性保护功能较为突出，并且是生态功能研究重点，以这四项功能为例分析集中连片特困地区退耕还林工程生态林生态效益价值量特征。

集中连片特困地区退耕还林工程生态林价值量评估结果见表4-5。武陵山区和秦巴山区退耕还林生态林生态效益价值量最高，分别为853.24亿元/年和839.76亿元/年，占退耕还林工程生态林总价值量41.63%；总价值量在200.00亿～500.00亿元/年之间的地区为乌蒙山区、六盘山区、滇桂黔石漠化区和滇西边境山区；其余片区生态林总价值量均低于200.00亿元/年（表4-5和图4-29）。

集中连片特困地区退耕还林工程生态林各生态效益价值量所占相对比例分布如图4-30所示。集中连片特困地区退耕还林工程生态林生态效益的各分项价值量分配中，地区差异较为明显。多数片区以涵养水源功能为主，南疆四地州以森林防护为主，所占比例为

表4-5 集中连片特困地区各片区退耕还林工程生态林生态效益价值量

集中连片特困地区	涵养水源(亿元/年)	保育土壤(亿元/年)	固碳释氧(亿元/年)	林木积累营养物质(亿元/年)	负离子(亿元/年)	吸收污染物(亿元/年)	净化大气环境					森林防护(亿元/年)	生物多样性保护(亿元/年)	总计(亿元/年)
							TSP(亿元/年)	PM$_{10}$(亿元/年)	PM$_{2.5}$(亿元/年)	小计(亿元/年)	合计(亿元/年)			
六盘山区	106.54	58.38	50.15	5.89	0.34	1.76	39.53	33.50	13.40	104.32	106.42	59.17	60.74	447.29
秦巴山区	268.61	88.29	113.65	14.45	0.50	5.12	64.28	54.47	21.79	169.68	175.30	32.04	147.42	839.76
武陵山区	280.95	91.33	107.76	10.14	0.70	5.21	74.46	63.10	25.24	196.55	202.46	—	160.60	853.24
乌蒙山区	154.66	54.94	65.72	6.15	0.61	2.82	31.49	26.68	10.67	83.90	87.33	—	96.51	465.31
滇桂黔石漠化区	125.43	32.58	63.63	4.15	0.45	2.75	41.07	25.21	10.08	94.01	97.21	—	86.92	409.92
滇西边境山区	112.87	34.70	37.39	2.39	0.30	0.72	17.62	14.93	5.97	46.40	47.42	—	57.64	292.41
大兴安岭南麓山区	23.50	7.76	13.44	0.79	0.03	0.26	13.83	2.14	0.86	23.95	24.24	6.81	8.25	84.79

(续)

集中连片特困地区	涵养水源(亿元/年)	保育土壤(亿元/年)	固碳释氧(亿元/年)	林木积累营养物质(亿元/年)	负离子(亿元/年)	吸收污染物(亿元/年)	净化大气环境					森林防护(亿元/年)	生物多样性保护(亿元/年)	总计(亿元/年)
							TSP(亿元/年)	PM₁₀(亿元/年)	PM₂.₅(亿元/年)	小计(亿元/年)	合计(亿元/年)			
燕山—太行山区	32.23	11.62	54.92	0.48	0.04	3.74	19.30	1.94	0.78	31.85	35.63	9.45	8.48	152.81
吕梁山区	29.07	14.03	16.47	2.74	0.09	0.68	11.53	9.78	3.91	30.44	31.21	7.53	17.52	118.57
大别山区	38.03	8.59	19.08	2.04	0.10	0.90	10.31	4.76	1.90	20.82	21.82	2.00	25.87	117.43
罗霄山区	35.52	14.58	13.59	1.36	0.09	0.43	10.07	8.53	3.41	26.57	27.09	—	18.35	110.49
西藏区	1.96	1.10	1.48	0.02	0.01	0.03	1.62	<0.01	<0.01	1.96	2.00	0.35	0.23	7.14
四省藏区	46.77	14.17	17.25	1.26	0.05	0.95	9.32	7.89	3.17	24.57	25.57	2.08	23.35	130.45
南疆四地州	0.89	2.32	3.34	0.02	0.09	0.11	4.07	0.01	<0.01	4.94	5.14	20.97	4.70	37.38
总计	1257.03	434.39	577.87	51.88	3.40	25.48	348.50	252.94	101.19	859.96	888.84	140.40	716.58	4066.99

第四章 集中连片特困地区退耕还林工程生态效益价值量评估

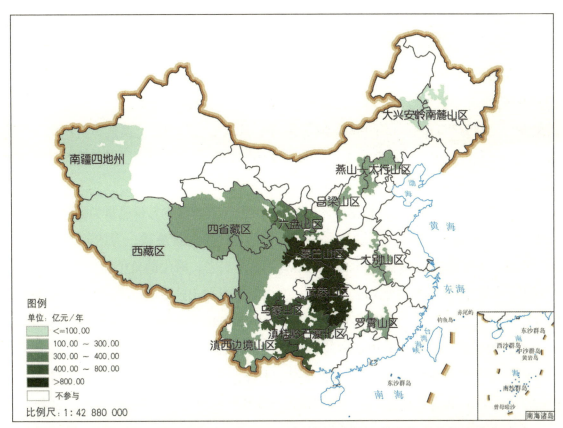

图4-29 集中连片特困地区各片区退耕还林工程生态林生态效益价值量空间分布

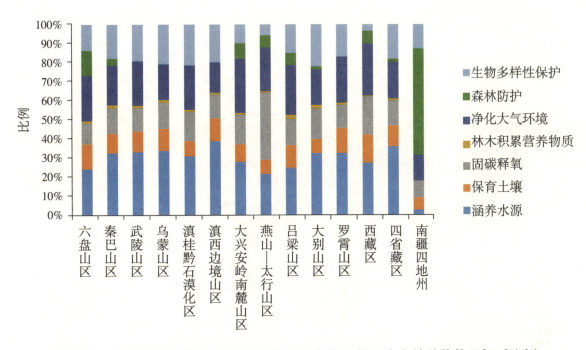

图4-30 集中连片特困地区退耕还林工程生态林各项生态效益价值量相对比例

56.10%，燕山—太行山区以固碳释氧为主，所占比例为35.95%，西藏区以净化大气环境为主，所占比例为27.47%。

（1）涵养水源功能　集中连片特困地区退耕还林工程生态林涵养水源总价值量为1257.03亿元/年（表4-5），空间分布特征见图4-31。武陵山区和秦巴山区涵养水源价值量最高，分别为280.95亿元/年和268.61亿元/年；其次是乌蒙山区、滇桂黔石漠化区、滇西边境山区和六盘山区，涵养水源价值量均在100.00亿～160.00亿元/年之间；其余各片区均低于50.00亿元/年。

（2）滞尘功能　集中连片特困地区退耕还林工程生态林滞尘总价值量为859.96亿元/年（表4-5），空间分布特征见图4-32。武陵山区滞尘的价值量最高，为196.55亿元/年；秦巴山区、六盘山区、滇桂黔石漠化区和乌蒙山区次之，滞尘的价值量均在80.00亿～170.00亿元/年之间；滇西边境山区、燕山—太行山区和吕梁山区滞尘的价值量均在30.00亿～50.00亿元/年之间；其余各片区滞尘的价值量均小于30.00亿元/年。

（3）固碳释氧功能　集中连片特困地区退耕还林工程生态林固碳释氧总价值量为577.87亿元/年（表4-5），空间分布特征见图4-33。秦巴山区固碳释氧价值量最高，为113.65亿元/年；其次为武陵山区、乌蒙山区、滇桂黔石漠化区、燕山—太行山区和六盘

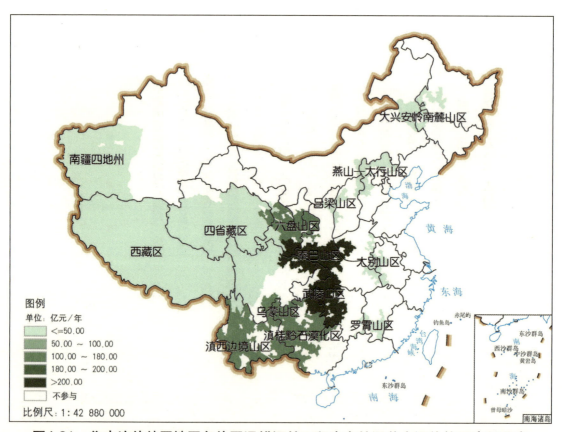

图4-31　集中连片特困地区各片区退耕还林工程生态林涵养水源价值量空间分布

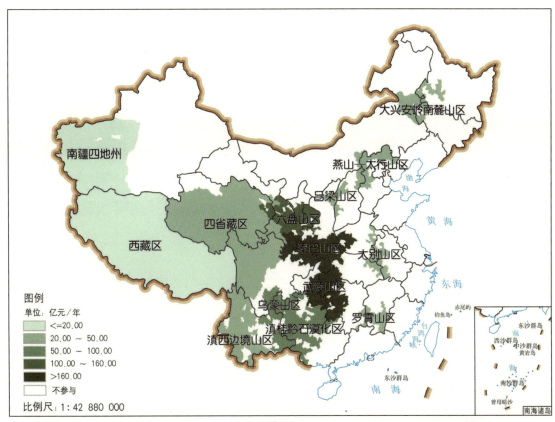

图4-32　集中连片特困地区各片区退耕还林工程生态林滞尘价值量空间分布

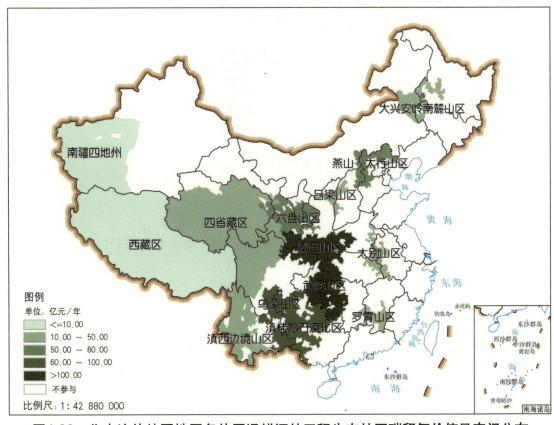

图4-33　集中连片特困地区各片区退耕还林工程生态林固碳释氧价值量空间分布

山区，固碳释氧价值量均在50.00亿～110.00亿元/年之间；滇西边境山区固碳释氧价值量为37.39亿元/年；其余片区固碳释氧价值量均低于20.00亿元/年。

（4）**生物多样性保护功能** 集中连片特困地区退耕还林工程生态林生物多样性保护总价值量为716.58亿元/年（表4-5），空间分布特征见图4-34。武陵山区和秦巴山区生物多样性保护价值量最高，分别为160.60亿元/年和147.42亿元/年；其次为乌蒙山区、滇桂黔石漠化区、六盘山区和滇西边境山区，生物多样性保护价值量均在55.00亿～100.00亿元/年之间；大别山区、四省藏区、罗霄山区和吕梁山区生物多样性保护价值量均在15.00亿～30.00亿元/年之间；其余片区生物多样性保护价值量均低于10.00亿元/年。

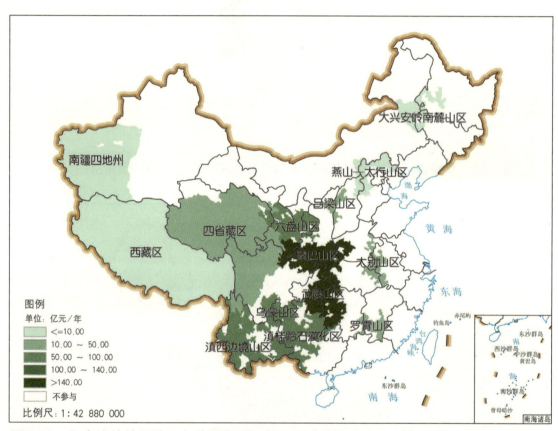

图4-34 集中连片特困地区各片区退耕还林工程生态林生物多样性保护价值量空间分布

4.3.2 经济林生态效益价值量评估

退耕还林工程经济林是指在退耕还林工程实施中，营造以生产果品、食用油料、饮料、调料、工业原料和药材等为主要目的的林木（国家林业局，2001）。以涵养水源、固碳、滞尘和生物多样性保护功能四项优势功能为例，分析退耕还林工程14个片区经济林生态效益价值量特征。

集中连片特困地区退耕还林工程经济林生态效益价值量及其分布如表4-6和图4-35。

表4-6 集中连片特困地区各片区退耕还林工程经济林生态效益价值量

集中连片特困地区	涵养水源（亿元/年）	保育土壤（亿元/年）	固碳释氧（亿元/年）	林木积累营养物质（亿元/年）	负离子（亿元/年）	吸收污染物（亿元/年）	净化大气环境					森林防护（亿元/年）	生物多样性保护（亿元/年）	总计（亿元/年）
							滞尘			合计（亿元/年）			
							TSP（亿元/年）	PM$_{10}$（亿元/年）	PM$_{2.5}$（亿元/年）	小计（亿元/年）				
六盘山区	8.61	4.75	4.02	0.45	0.02	0.14	3.17	2.68	1.07	8.35	8.51	4.70	4.80	35.84
秦巴山区	58.48	26.88	29.77	5.97	0.18	1.23	14.69	12.45	4.98	38.75	40.16	14.69	42.54	218.49
武陵山区	28.16	12.64	14.91	2.17	0.11	0.63	8.27	7.01	2.81	21.78	22.52	—	25.34	105.74
乌蒙山区	28.73	11.28	15.17	1.51	0.11	0.71	8.37	7.09	2.84	21.34	22.16	—	21.95	100.80
滇桂黔石漠化区	33.09	12.05	19.72	1.91	0.16	0.90	13.22	9.69	3.87	30.11	31.17	—	26.41	124.35
滇西边境山区	46.96	16.00	16.09	1.03	0.12	0.31	7.68	6.51	2.61	20.36	20.79	—	27.63	128.50
大兴安岭南麓山区	0.21	0.25	0.10	0.05	<0.01	<0.01	0.07	0.05	0.02	0.13	0.13	0.30	0.31	1.35
燕山—太行山区	4.30	1.86	7.09	0.09	0.01	0.48	2.48	0.39	0.16	4.10	4.59	1.31	1.44	20.68

(续)

集中连片特困地区	涵养水源(亿元/年)	保育土壤(亿元/年)	固碳释氧(亿元/年)	林木积累营养物质(亿元/年)	净化大气环境							森林防护(亿元/年)	生物多样性保护(亿元/年)	总计(亿元/年)
					负离子(亿元/年)	吸收污染物(亿元/年)	TSP(亿元/年)	PM$_{10}$(亿元/年)	PM$_{2.5}$(亿元/年)	小计(亿元/年)	合计(亿元/年)			
吕梁山区	7.05	4.12	4.08	0.85	0.03	0.16	2.73	2.31	0.93	7.20	7.39	2.35	5.20	31.04
大别山区	7.12	2.22	3.83	0.62	0.02	0.19	2.04	1.17	0.47	4.11	4.32	0.44	5.22	23.77
罗霄山区	3.56	1.19	1.47	0.12	0.01	0.03	0.79	0.67	0.27	2.10	2.14	—	1.41	9.89
西藏区	0.01	0.27	<0.01	0.02	0.03	<0.01	0.01	<0.01	<0.01	0.01	0.04	<0.01	2.40	2.75
四省藏区	6.64	2.52	2.45	0.21	0.01	0.11	1.12	0.95	0.37	2.97	3.09	0.48	4.06	19.45
南疆四地州	0.33	2.00	1.37	0.01	0.05	0.06	1.67	<0.01	<0.01	1.98	2.09	18.14	4.10	28.04
总计	233.25	98.03	120.08	15.01	0.86	4.95	66.31	50.99	20.40	163.29	169.10	42.41	172.81	850.69

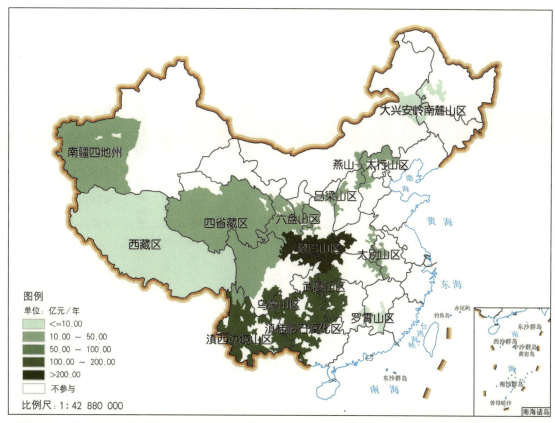

图4-35 集中连片特困地区各片区退耕还林工程经济林各项生态效益价值量空间分布

在11个集中连片特困地区和3个实施特殊扶持政策的地区退耕还林工程经济林生态效益价值量中，秦巴山区退耕还林工程经济林的生态效益价值量较高，为218.49亿元/年，占退耕还林工程经济林总价值量的25.68%；滇西边境山区、滇桂黔石漠化区、武陵山区和乌蒙山区次之，均在100.00亿～130.00亿元/年之间；其余片区经济林总价值量均低于100.00亿元/年。

集中连片特困地区退耕还林工程经济林生态效益价值量所占相对比例分布如图4-36所示。各分项价值量分配中，地区差异较为明显。除南疆四地州、吕梁山区、大兴安岭南麓山区和西藏区以外，各片区经济林仍然以涵养水源和净化大气环境两项生态效益价值量占据优势，两项生态效益价值量的贡献率在15.27%～36.54%之间，且这两项生态效益价值量的分配比例在各省之间存在一定的差异。其余片区各项生态效益价值量的变化幅度比较小。

（1）涵养水源功能　集中连片特困地区退耕还林工程经济林涵养水源总价值量为233.25亿元/年（表4-6），空间分布特征见图4-37。秦巴山区涵养水源价值量最高，为58.48亿元/年；其次是滇西边境山区、滇桂黔石漠化区、乌蒙山区和武陵山区，涵养水源价值量均在25.00亿～50.00亿元/年之间；其余各片区均低于10.00亿元/年。

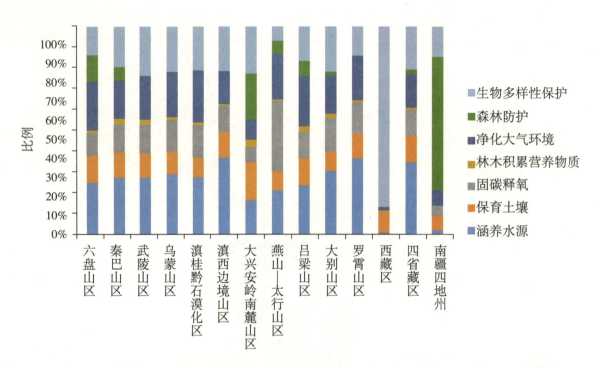

图4-36　集中连片特困地区退耕还林工程经济林各项生态效益价值量相对比例

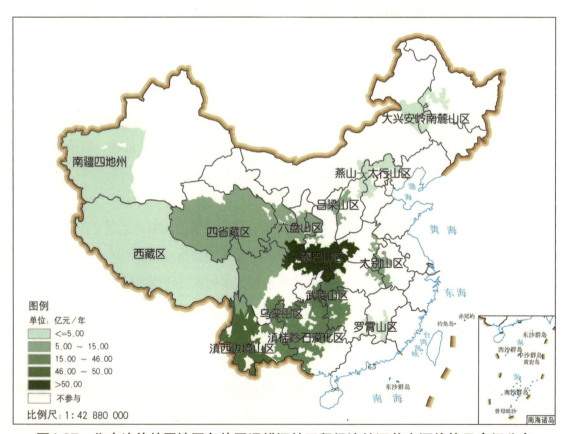

图4-37　集中连片特困地区各片区退耕还林工程经济林涵养水源价值量空间分布

(2) 滞尘功能 集中连片特困地区退耕还林工程经济林滞尘总价值量为163.29亿元/年（表4-6），空间分布特征见图4-38。秦巴山区滞尘的价值量最高，为38.75亿元/年；滇桂黔石漠化区、武陵山区、乌蒙山区和滇西边境山区次之，滞尘的价值量均在20.00亿~35.00亿元/年之间；其余各片区滞尘的价值量均小于10.00亿元/年。

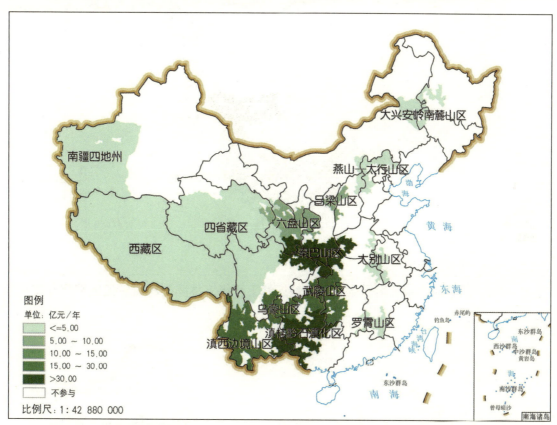

图4-38 集中连片特困地区各片区退耕还林工程经济林滞尘价值量空间分布

(3) 固碳释氧功能 集中连片特困地区退耕还林工程经济林固碳释氧总价值量为120.08亿元/年（表4-6），空间分布特征见图4-39。秦巴山区固碳释氧价值量最高，为29.77亿元/年；其次为滇桂黔石漠化区、滇西边境山区、乌蒙山区和武陵山区，固碳释氧价值量均在14.00亿~20.00亿元/年之间；其余片区固碳释氧价值量均低于10.00亿元/年。

(4) 生物多样性保护功能 集中连片特困地区退耕还林工程经济林生物多样性保护总价值量为172.81亿元/年（表4-6），空间分布特征见图4-40。秦巴山区生物多样性保护价值量最高为42.54亿元/年；其次为滇西边境山区、滇桂黔石漠化区、武陵山区和乌蒙山区，生物多样性保护价值量均在20.00亿~30.00亿元/年之间；其余片区生物多样性保护价值量均低于6.00亿元/年。

图4-39 集中连片特困地区各片区退耕还林工程经济林固碳释氧价值量空间分布

图4-40 集中连片特困地区各片区退耕还林工程经济林生物多样性保护价值量空间分布

4.3.3 灌木林生态效益价值量评估

灌木因具有耐干旱、耐瘠薄、抗风蚀、易成活成林等特性，它是干旱、半干旱地区的重要植被资源，在西北地区沙化土地的退耕还林工程中被大量使用。以涵养水源、固碳、滞尘和生物多样性保护功能四项优势功能为例，分析退耕还林工程14个片区经济林生态效益价值量特征。

集中连片特困地区退耕还林工程灌木林生态效益价值量及其分布，如表4-7和图4-41所示。六盘山区退耕还林工程灌木林生态效益价值量最高，为281.20亿元/年，占退耕还林工程灌木林总价值量的41.14%；燕山—太行山区次之，退耕还林工程灌木林总价值量为112.02亿元/年；其余片区灌木林总价值量均低于100.00亿元/年（图4-41）。

集中连片特困地区退耕还林工程灌木林生态效益价值量所占相对比例分布，如图4-42所示。就各片区退耕还林工程灌木林的各项生态效益评估指标而言，各片区灌木林生态效益绝大多数更偏重于涵养水源功能，其涵养水源价值量所占比例在2.29%～35.76%之间。林木积累营养物质价值量在各片区退耕还林工程灌木林生态效益价值量中所占比例均为最小。

（1）**涵养水源功能**　集中连片特困地区退耕还林工程灌木林涵养水源总价值量为168.77亿元/年（表4-7），空间分布特征见图4-43。六盘山区涵养水源价值量最高，为

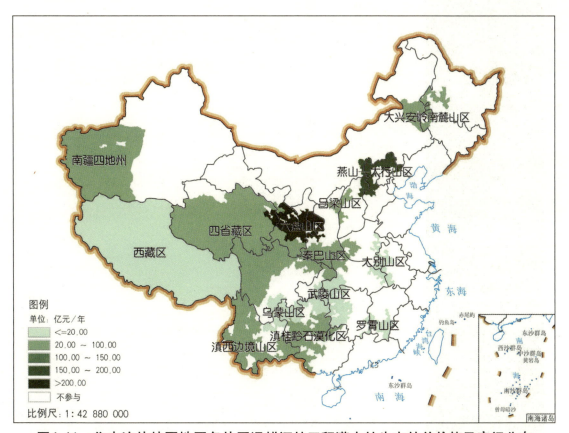

图4-41　集中连片特困地区各片区退耕还林工程灌木林生态效益价值量空间分布

表4-7 集中连片特困地区各片区退耕还林工程灌木林生态效益价值量

集中连片特困地区	涵养水源（亿元/年）	保育土壤（亿元/年）	固碳释氧（亿元/年）	林木积累营养物质（亿元/年）	净化大气环境							森林防护（亿元/年）	生物多样性保护（亿元/年）	总计（亿元/年）
					负离子（亿元/年）	吸收污染物（亿元/年）	滞尘				合计（亿元/年）			
							TSP（亿元/年）	PM$_{10}$（亿元/年）	PM$_{2.5}$（亿元/年）	小计（亿元/年）				
六盘山区	67.30	34.90	30.08	3.53	0.32	1.19	25.53	21.64	8.65	67.40	68.91	37.91	38.57	281.20
秦巴山区	6.55	3.59	3.24	0.69	0.02	0.13	1.44	1.22	0.49	3.76	3.91	1.47	5.67	25.12
武陵山区	2.41	1.39	1.28	0.22	<0.01	0.06	0.74	0.62	0.24	1.94	2.00	—	2.89	10.19
乌蒙山区	3.89	1.67	1.54	0.16	0.01	0.05	0.74	0.63	0.25	1.89	1.95	—	3.01	12.22
滇桂黔石漠化区	11.86	4.66	5.36	0.47	0.06	0.21	3.18	1.80	0.72	7.25	7.52	—	15.54	45.41
滇西边境山区	8.49	3.07	2.92	0.20	0.02	0.06	1.40	1.18	0.48	3.69	3.77	—	5.29	23.74
大兴安岭南麓山区	13.61	5.48	6.38	1.20	0.03	0.20	4.35	3.47	1.39	7.51	7.74	6.85	7.07	48.33
燕山—太行山区	29.56	12.69	28.48	1.65	0.06	1.69	8.24	5.55	2.22	13.60	15.35	11.04	13.25	112.02

(续)

集中连片特困地区	涵养水源（亿元/年）	保育土壤（亿元/年）	固碳释氧（亿元/年）	林木积累营养物质（亿元/年）	净化大气环境							森林防护（亿元/年）	生物多样性保护（亿元/年）	总计（亿元/年）
					负离子（亿元/年）	吸收污染物（亿元/年）	滞尘				合计（亿元/年）			
							TSP（亿元/年）	PM_{10}（亿元/年）	$PM_{2.5}$（亿元/年）	小计（亿元/年）				
吕梁山区	14.19	8.04	8.03	1.70	0.05	0.33	5.65	4.78	1.91	14.90	15.28	4.61	10.19	62.04
大别山区	0.79	0.28	0.43	0.07	0.01	<0.01	0.16	0.09	0.04	0.33	0.35	—	1.15	3.07
罗霄山区	0.27	0.12	0.12	0.01	<0.01	<0.01	0.06	0.06	0.02	0.15	0.16	—	0.15	0.83
西藏区	0.12	0.42	0.10	<0.01	<0.01	<0.01	0.11	<0.01	<0.01	0.12	0.12	0.14	0.07	0.97
四省藏区	9.09	4.48	3.45	0.40	0.01	0.18	1.84	1.54	0.60	4.83	5.02	0.92	7.16	30.52
南疆四地州	0.64	1.83	2.17	0.01	0.08	0.05	2.66	<0.01	<0.01	3.26	3.39	16.16	3.67	27.87
总计	168.77	82.62	93.58	10.31	0.67	4.17	56.10	42.58	17.01	130.63	135.47	79.10	113.68	683.53

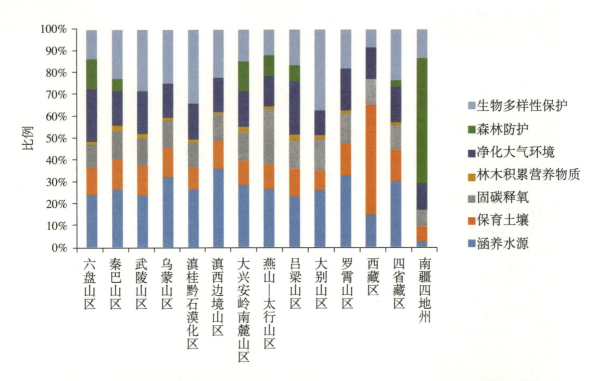

图4-42 集中连片特困地区退耕还林工程灌木林各项生态效益价值量相对比例

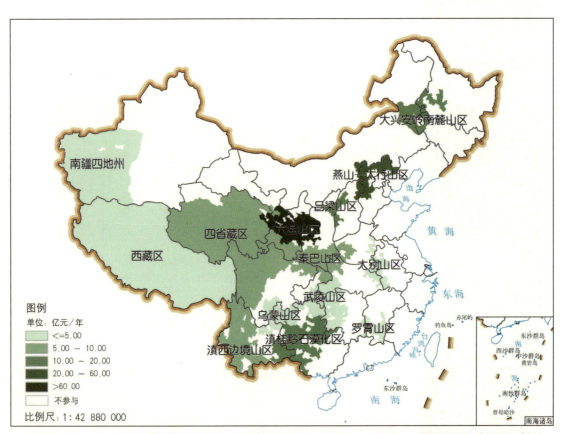

图4-43 集中连片特困地区各片区退耕还林工程灌木林涵养水源价值量空间分布

67.30亿元/年；其次是燕山—太行山区、吕梁山区、大兴安岭南麓山区和滇桂黔石漠化区，涵养水源价值量均在10.00亿~30.00亿元/年之间；其余各片区均低于10.00亿元/年。

（2）**滞尘功能** 集中连片特困地区退耕还林工程灌木林滞尘总价值量为130.63亿元/年（表4-7），空间分布特征见图4-44。六盘山区滞尘的价值量最高，为67.40亿元/年；吕梁山区和燕山—太行山区滞尘的价值量均在13.00亿~15.00亿元/年之间；其余各片区滞尘的价值量均小于8.00亿元/年。

（3）**固碳释氧功能** 集中连片特困地区退耕还林工程灌木林固碳释氧总价值量为93.58亿元/年（表4-7），空间分布特征见图4-45。六盘山区固碳释氧价值量最高，为30.08亿元/年；其次为燕山—太行山区，固碳释氧价值量为28.48亿元/年；其余片区固碳释氧价值量均低于10.00亿元/年。

（4）**生物多样性保护功能** 集中连片特困地区退耕还林工程灌木林生物多样性保护总价值量为113.68亿元/年（表4-7），空间分布特征见图4-46。六盘山区生物多样性保护价值量最高为38.57亿元/年；其次为滇桂黔石漠化区、燕山—太行山区和吕梁山区，生物多样性保护价值量均在10.00亿~20.00亿元/年之间；其余片区生物多样性保护价值量均低于8.00亿元/年。

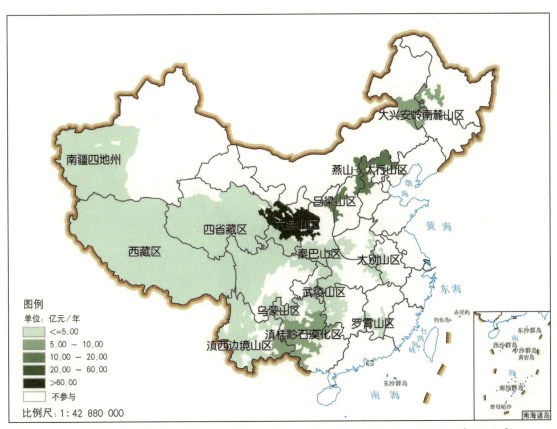

图4-44 集中连片特困地区各片区退耕还林工程灌木林滞尘价值量空间分布

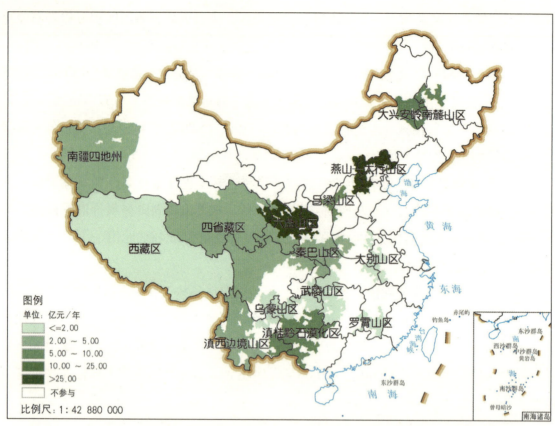

图4-45 集中连片特困地区各片区退耕还林工程灌木林固碳释氧价值量空间分布

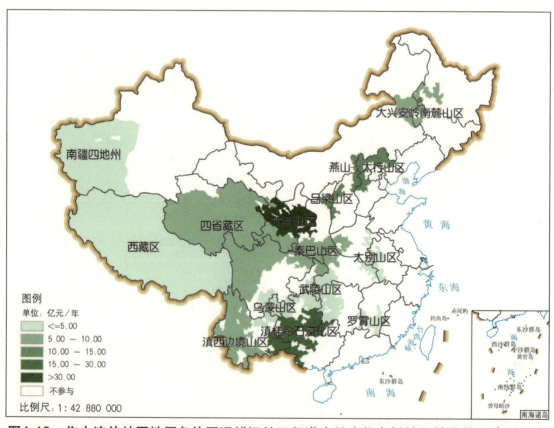

图4-46 集中连片特困地区各片区退耕还林工程灌木林生物多样性保护价值量空间分布

第五章

集中连片特困地区退耕还林工程生态效益特征及其存在问题与建议

5.1 水土保持生态效益特征

利用森林的涵养水源与保育土壤两项生态功能，解决我国所面临的水土流失问题是退耕还林工程实施的主要目标之一。集中连片特困地区退耕还林工程涵养水源与保育土壤两项功能生态效益价值量共占总价值量的40.60%，处于主导地位，与工程建设的初衷一致，充分达到了预期目的。

集中连片特困地区退耕还林工程生态效益以涵养水源功能价值量所占比重最大，达到了29.62%，涵养水源总量达175.69亿立方米/年，相当于三峡水库蓄水深度达到78.33米时的库容量，即总库容（393.00亿立方米）的44.70%，也相当于全国生活用水量838.10亿立方米（水利部，2018）的20.96%，成功发挥了"绿色水库"的作用。集中连片特困地区退耕还林工程保育土壤功能价值量占总价值比重为10.98%，共固土25069.42万吨/年，是2014年长江（2.75亿吨）和黄河（0.82亿吨）土壤侵蚀量的0.91倍和3.06倍（水利部，2015），有效降低了长江和黄河的土壤侵蚀量。集中连片特困地区退耕还林工程保肥总量达970.44万吨/年，相当于2015年全国耕地化肥实用量（5859.41万吨）的16.56%（中国统计年鉴，2016）。

集中连片特困地区退耕还林工程从空间分布上来看，水土保持生态效益主要由中部片区贡献，东部片区次之，西部片区最小。其中秦巴山区和武陵山区水土保持生态效益最大，占集中连片特困地区退耕还林工程水土保持生态效益的38.22%。退耕还林工程的核心生态需求是缓解长江、黄河流域中上游水土流失状况，秦巴山区和武陵山区位于长江流域，涵养水源物质量67.70亿立方米/年，占总涵养水源物质量的38.53%；固土物质量9326.12万吨/年，占总固土物质量的37.20%；保肥物质量347.46万吨/年，占总保肥物质量的35.80%，退耕还林工程生态效益和区域生态需求较为吻合。六盘山区、乌蒙山区、滇西边境山区和滇桂黔石漠化区水土保持生态效益位居秦巴山区和武陵山区之下，上述六个片区占总水土保持生态效益的81.21%；其余片区水土保持生态效益较低。

造成这个结果的原因一方面是退耕还林工程造林面积分布不均，且部分片区受地形地貌、林种组成、降水和温度等环境因子影响，抑制了退耕还林工程生态效益的发挥，以滇桂黔石漠化区为例，该片区地处我国西南典型喀斯特山区，喀斯特地貌山高谷深、沟壑纵横，生态环境脆弱，涵养水源能力先天不足，对比同处亚热带气候条件类似喀斯特地貌严重的黔南州和喀斯特地貌不太严重的黔东南州，黔南州每年每公顷涵养水源量为1101.801立方米，黔东南州为1168.6立方米，差距不是很大，且滇桂黔石漠化区退耕还林工程以保持水土功能生态效益为主导，占黔桂石漠化区总价值量比重为37.90%，目前退耕还林生态效益与生态区位需求吻合；另一方面，部分片区涵养水源生态效益还有很大的提升空间，以六盘山区为例，六盘山区退耕还林面积仅次于秦巴山区位居第二，退耕面积占秦巴山区的91.00%，是武陵山区的1.2倍，但其涵养水源物质量占秦巴山区的56.77%，占武陵山区的61.09%，除水热条件不如秦巴山区和武陵山区好，对比与六盘山区临近且有部分区域重叠的宁夏贺兰山国家级自然保护区发现，六盘山区退耕还林涵养水源功能还有很大的提升空间，六盘山区面积是保护区面积的74倍，但六盘山区退耕还林工程涵养水源物质量仅是保护区森林生态系统涵养水源物质量的45倍（牛香等，2017）。

退耕还林工程的实施，很大程度上减少了水土流失，但就目前现状而言，由于缺乏科学的森林抚育和管理制度，导致部分片区退耕还林工程生态效益没有得到充分发挥。建议除增加造林面积和丰富树种选择外，重点结合妥善的森林抚育措施，例如加强林地施肥、对土地进行松土除草、抚育采伐、透光抚育等措施，使退耕还林工程实施片区的生态效益得到充分发挥，为区域乃至全国的社会经济可持续发展提供生态环境基础。

5.2 净化大气环境生态效益特征

世界上许多国家都采用植树造林的方法降低大气污染程度，植被对降低空气中细颗粒物浓度和吸收污染物的作用极其显著（Chen *et al.*, 2016）。集中连片特困地区退耕还林工程生态效益评估价值量分布中，净化大气环境功能所占比重为21.31%，仅次于涵养水源功能，总价值为1193.41亿元/年，相当于北京市2017年GDP的4.26%。

集中连片特困地区退耕还林工程生态效益提供负离子4229.75×10^{22}个/年，其中秦巴山区（792.27×10^{22}个/年）和武陵山区（727.08×10^{22}个/年）位居前二；吸收污染物物质量最大的片区为秦巴山区（27.11万吨/年）、六盘山区（24.45万吨/年）和武陵山区（23.34万吨/年）；滞纳TSP总物质量为15697.17万吨/年，滞纳$PM_{2.5}$和PM_{10}量分别为1703.71万吨/年和681.45万吨/年，年滞纳$PM_{2.5}$和PM_{10}的总量相当于107.44亿辆民用汽车的颗粒物排放量。各片区滞尘、滞纳TSP物质量排序表现一致，均为武陵山区、秦巴山区、六盘山区、滇桂黔石漠化区、乌蒙山区和燕山—太行山区滞尘和滞纳TSP物质量大于1000.00万吨/年；其余各片区滞尘和滞纳TSP物质量小于1000.00万吨/年；各片区滞纳PM_{10}、滞纳$PM_{2.5}$物质量排序表现一致，武陵山区滞纳PM_{10}和滞纳$PM_{2.5}$物质量最大，其次为秦巴山区和六盘山区。

  总体来看，退耕还林工程的实施利于改善大气环境，提高人民生活质量与幸福指数，并有助于建立森林大气环境动态评价、监测和预警体系，为各级政府部门决策和政策制定及时提供科学依据。但退耕还林工程滞纳颗粒物功能空间上与各片区污染物排放存在一定的不对称性，大气颗粒物浓度较低的片区，例如滇桂黔石漠化区，空气质量平均达标天数比例为94.08%，退耕还林工程每年每公顷滞纳TSP为18.10吨，而大气颗粒物浓度相对较高的片区，例如燕山—太行山区，空气质量平均达标天数比例为60.38%，退耕还林工程每年每公顷滞纳TSP为11.25吨。造成这种结果的原因是大气颗粒物浓度受多种因素影响，退耕还林工程一般远离城市，大气颗粒物却离城市很近，二者在空间距离上明显存在差异。在《退耕还林工程生态效益监测国家报告（2016）》及《陕西省森林与湿地生态系统治污减霾功能研究》中同样发现类似的情况。这种不对称性在一定程度上是可以协调的，建议在污染物较高的城市圈增加退耕还林等植被恢复工程，或在污染物迁移路径上建立阻隔带等措施。

5.3 固碳释氧生态效益特征

  政府间气候变化专门委员会指出确保2030年全球变暖幅度低于2℃（IPCC，2013），控制大气二氧化碳浓度升高的主要措施包括减少碳排放和增加碳汇，森林作为地球关键带的重要圈层，在固碳增汇效应方面发挥着举足轻重的作用，在减缓全球二氧化碳浓度升高过程中所起的作用已经得到认同。影响森林固碳释氧能力的主要有冠层、凋落物层和土壤层；除此，还会受到林种和林龄等的影响（Wang *et al.*，2014）。退耕还林工程的实施使植被通过森林自身吸收二氧化碳能力增强，提高森林碳汇功能。对合理配置退耕林地结构，抑制大气中二氧化碳浓度的上升，起到了有效的绿色减排作用。

  集中连片特困地区是我国经济发展最为缓慢的地区，贫困人口集中分布，能源消耗主要以煤炭与薪炭为主，随着经济增长速度的加快，能源消耗增加，碳排放必然增加，未来经济发展与能源消费引起的碳排放弱脱钩趋势仍将持续。集中连片特困地区退耕还林工程固碳总量为2135.07万吨/年，相当于每年吸收二氧化碳7300万吨，能够抵消1552.80万吨标准煤完全转化释放的二氧化碳量。集中连片特困地区退耕还林工程生态效益固碳物质量排序和释氧物质量排序表现一致。固碳和释氧物质量以秦巴山区（固碳物质量为398.35万吨/年，释氧物质量为950.14万吨/年）和武陵山区（固碳物质量为329.99万吨/年，释氧物质量为790.03万吨/年）最为突出。

总体来看，集中连片特困地区固碳释氧功能有效增加了森林碳汇，但相对工业碳排放而言，固碳释氧功能增加碳汇的量偏少，以燕山—太行山区为例，燕山—太行山区以固碳释氧功能为主导，固碳236.87万吨/年，占片区总价值量的31.69%，燕山—太行山区中大同市2017年标准煤消耗总量为1275.4万吨标准煤，利用碳排放转换系数（国家发展与改革委员会能源研究所，2003）换算可知大同市2017年碳排放量为953.49万吨，而大同市退耕还林工程固碳量仅为12.29万吨/年，相差甚远，且随着我国经济快速发展，未来能源需求量还会持续增加，从而引起的经济发展与能源消费增加碳排放的矛盾还将继续扩大，退耕还林工程还需进一步提高和保护森林碳汇。

退耕还林工程的实施可使大量的耕地和荒山荒地成为森林，成为一个重要的碳汇，而人为选择和退耕还林工程的特殊性决定了各项生态效益价值量间的比例关系，除增加植被恢复面积和丰富造林树种外，还可通过人工抚育和科学经营，提高森林质量，提高土壤碳库，对落实林业"三增"（森林面积、蓄积量和生态系统服务功能三增长）和应对全球气候变化发挥着巨大作用。

5.4 三种林种生态效益特征

集中连片特困地区是《"十三五"脱贫攻坚规划》（国发〔2016〕64号）提出的扶贫攻坚主战场，应《关于扩大新一轮退耕还林还草规模的通知》要求，新一轮退耕还林工程重点向扶贫开发任务重、贫困人口较多的省倾斜，中央政府大力推动精准扶贫，退耕还林工程将优化农业结构、助力精准扶贫，充分发挥退耕还林政策的扶贫作用，加快贫困地区脱贫致富。除完善退耕还林政策补贴外，还应加大退耕还林经济林建设，提高退耕还林农民收入，助推农村产业结构优化升级，在提高生态效益的同时，兼具社会经济效益的提高。

退耕还林工程的建设主要目标是提高生态效益，集中连片特困地区生态林植被恢复面积占退耕还林工程总植被恢复面积的66.81%，生态效益以长江黄河流域和喀斯特地貌区域较高；灌木林植被恢复面积占退耕还林工程总植被恢复面积的16.26%，灌木林生态效益主要以西北黄土区处于绝对优势，生态林和灌木林生态效益的空间格局特征与退耕还林工程实施的主要目标的生态空间需求相吻合。

集中连片特困地区经济林植被恢复面积占退耕还林工程总植被恢复面积的16.92%，生态效益占退耕还林总生态效益较高的片区包括南疆四地州、滇西边境山区、西藏区、滇桂黔石漠化区和秦巴山区等。经济林植被恢复普遍能够得到良好的抚育和经营管理，总体上经济林生态效益与经济林产业发展相适应，经济林产品总量较高时，退耕还林工程经济林生态效益也相对较高。在生态林和灌木林生态效益基本满足退耕还林工程实施主要目标生态空间需求的基础上，应加大经济林的种植、抚育、经营、管理等，助力精准扶贫，兼顾退耕还林生态治理与扶贫开发双重目标，调整农村产业结构及地方生态经济协调发展等，使扶贫开发成为退耕还林持续发展的重要保障（Wang *et al*., 2017）。

参考文献

国家发展和改革委员会能源研究所，2003. 中国可持续发展能源暨碳排放情景分析[R].

国家林业局，2001. 退耕还林工程生态林与经济林认定标准(国家林业和草原局林退发〔2001〕550号).

国家林业局，2003. 森林生态系统定位观测指标体系(LY/T 1606—2003). 4-9.

国家林业局，2005. 森林生态系统定位研究站建设技术要求(LY/T 1626—2005). 6-16.

国家林业局，2007. 干旱半干旱区森林生态系统定位监测指标体系(LY/T 1688—2007). 3-9.

国家林业局，2008. 森林生态系统服务功能评估规范(LY/T 1721—2008). 3-6.

国家林业局，2010a. 森林生态系统定位研究站数据管理规范(LY/T 1872—2010). 3-6.

国家林业局，2010b. 森林生态站数字化建设技术规范(LY/T 1873—2010). 3-7.

国家林业局，2011. 森林生态系统长期定位观测方法(LY/T 1952—2011). 4-121.

国家林业局，2014. 退耕还林工程生态效益监测国家报告(2013) [M]. 北京：中国林业出版社.

国家林业局，2015a. 退耕还林工程生态效益监测国家报告(2014) [M]. 北京：中国林业出版社.

国家林业局，2015b. 中国荒漠化和沙化状况公报.

国家林业局，2016a. 退耕还林工程生态效益监测国家报告(2015) [M]. 北京：中国林业出版社.

国家林业局，2016b. 退耕还林工程生态效益监测与评估规范 (LY/T 2573—2016). 8-11.

国家林业局，2018. 退耕还林工程生态效益监测国家报告(2016) [M]. 北京：中国林业出版社.

国家统计局，2018. 中国统计年鉴(2017) [M]. 北京：中国统计出版社.

国务院，2016. "十三五"脱贫攻坚规划(国发〔2016〕64号).

裴新富，甘枝茂，刘啸，2003. 黄河流域退耕还林有关技术问题研究[J]. 干旱区资源与环境，(3)：98-102.

牛香，胡天华，王兵，等，2017. 宁夏贺兰山国家级自然保护区森林生态系统服务功能评估 [M]. 北京：中国林业出版社.

水利部，2015. 2014年中国水土保持公报 [M]. 北京：中国水利水电出版社.

水利部，2018. 2017年全国水利发展统计公报 [M]. 北京：中国水利水电出版社.

王兵，2016. 生态连清理论在森林生态系统服务功能评估中的实践[J]. 中国水土保持科学，14(1)：1-10.

王兵，2015. 森林生态连清技术体系构建与应用[J]. 北京林业大学学报，37：1-8.

王兵，王晓燕，牛香，等，2015. 北京市常见落叶树种叶片滞纳空气颗粒物功能[J]. 环境科学，36(6)：2005-2009.

王兵，张维康，牛香，等，2015. 北京10个常绿树种颗粒物吸附能力研究[J]. 环境科学，36(2)：408-414.

吴永彬，翟翠花，庄雪影，等，2010. 广东省肇庆市降香黄檀早期造林效果初报[J]. 广东林业科技，26(6)：36-40.

张维康，牛香，王兵，2015. 北京不同污染地区园林植物对空气颗粒物的滞纳能力[J]. 环境科学，7：1-11.

中华人民共和国国家质量监督检验检疫总局，中国国家标准化管理委员会，2016. 森林生态系统长期定位观测方法 (GB/T 33027—2016).

中共中央，国务院，2011. 中国农村扶贫开发纲要(2011—2020年).

"中国森林资源核算研究"项目组，2015. 生态文明制度构建中的的中国森林资源核算研究[M]. 北京：中国林业出版社.

Chen B, Li S N, Yang X B, *et al*, 2016. Pollution remediation by urban forests: $PM_{2.5}$ reduction in Beijing, China [J]. Polish Journal of Environmental Studies, 25(5): 1873-1881.

Fang J Y, Chen A P, Peng C H, *et al*, 2001. Changes in forest biomass carbon storage in China between 1949 and 1998. Science, 292: 2320-2322.

IPCC, 2013. Contribution of working group I to the fifth assessment reportofthe intergovernmental panel on climate change. Climate Change 2013: the physical science basis [M]. Cambfige: Cambfige Universtiy Press.

Niu X, Wang B, Liu S R, 2012. Economical assessment of forest ecosystem services in China: Characteristics and Implications [J]. Ecological Complexity, 11: 1-11.

Wang B, Gao P, Niu X, *et al*, 2017. Policy-driven China's Grain to Green Program: Implications for ecosystem services [J]. Ecosystem Services, 27: 38-47.

Wang B, Wang D, Niu X, 2013a. Past, present and future forest resources in China and the implications for carbon sequestration dynamics [J]. Journal of Food, Agriculture &Environment, 11(1): 801-806.

Wang B, Wei W J, Liu C J, *et al*, 2013b. Biomass and carbon stock in *Moso Bamboo* forests in subtropical China: Characteristics and Implications [J]. Journal of Tropical Forest Science, 25(1): 137-148.

Wang B, Wei W J, Xing Z K, *et al*, 2012. Biomass carbon pools of cunning hamialance data (Lamb.) Hook.forests in subtropical China: characteristics and potential [J]. Scandinavian Journal of Forest Research: 1-16.

Wang D, Wang B, Niu X, 2014. Forest carbon sequestration in China and its benefit [J]. Scandinavian Journal of Forest Research, 29 (1): 51-59.

Zhang J J, Fu M C, Zeng H, *et al*, 2013. Variations in ecosystem service values and local economy in response to land use: A case study of Wu'an, China [J]. Land Degradation & Development, 24: 236-249.

Zhang W K, Wang B, Niu X, 2015. Study on the adsorption capacities for airborne particulates of landscape plants in different polluted regions in Beijing (China) [J]. International Journal of Environmental Research and Public Health, 12: 9623-9638.

附录 I

附件1 名词术语

集中连片特困地区：contiguous destitute areas

集中连片特困地区是中国贫困的主要发生区域，同时也是生态环境极其脆弱的地区，《中国农村扶贫开发纲要（2011—2020年）》第十条明确指出：国家将六盘山区、秦巴山区、武陵山区、乌蒙山区、滇桂黔石漠化区、滇西边境山区、大兴安岭南麓山区、燕山—太行山区、吕梁山区、大别山区、罗霄山区等区域的集中连片特困地区和已明确实施特殊政策的西藏区、四省藏区、南疆四地州，共计689个县作为扶贫攻坚主战场。

生态系统功能：ecosystem function

生态系统的自然过程和组分直接或间接地提供产品和服务的能力，包括生态系统服务功能和非生态系统服务功能。

生态系统服务：ecosystem service

生态系统中可以直接或间接地为人类提供的各种惠益，生态系统服务建立在生态系统功能的基础之上。

退耕还林工程生态效益全指标体系连续观测与清查（退耕还林生态连清）：ecological continuous inventory in conversion of cropland to forest program

以生态地理区划为单位，依托国家林业和草原局现有森林生态系统定位观测研究站、退耕还林工程生态效益专项监测站和辅助监测点，采用长期定位观测技术和分布式测算方法，定期对退耕还林工程生态效益进行全指标体系观测与清查，它与退耕还林工程资源连续清查相耦合，评估一定时期和范围内退耕还林工程生态效益，进一步了解退耕还林工程生态效益的动态变化。

退耕还林工程生态效益监测与评估：observation and evaluation of ecological effects of conversion of cropland to forest program

通过定位监测、野外试验等手段，运用森林生态效益评价的原理和方法，通过退耕后林地的生态环境与退耕前农耕地、坡耕地的生态环境发生的变化作对比，对退耕还林工程的防风固沙、净化大气环境、生物多样性保护、固碳释氧、涵养水源、保育土壤和林木积累营养物质等生态效益进行评估。

退耕还林工程生态效益专项监测站：special observation station of ecological effects of conversion of cropland to forest program

承担退耕还林工程生态效益监测任务的各类野外观测台站。通过定位监测、野外试验等手段，运用森林生态效益评价的原理和方法，通过退耕后林地的生态环境与退耕前农耕地、坡耕地的生态环境发生的变化作对比，对退耕还林工程的防风固沙、净化大气环境、固碳释氧、生物多样性保护、涵养水源、保育土壤和林木积累营养物质等功能进行评估。

森林生态功能修正系数（FEF-CC）：forest ecological function correction coefficient

基于森林生物量决定林分的生态质量这一生态学原理，森林生态功能修正系数是指评估林分生物量和实测林分生物量的比值。反映森林生态服务评估区域森林的生态功能状况，还可以通过森林生态质量的变化修正森林生态系统服务的变化。

贴现率：discountrate

又称门槛比率，指用于把未来现金收益折合成现在收益的比率。

等效替代法：equivalent substitution approach

等效替代法是当前生态环境效益经济评价中最普遍采用的一种方法，是生态系统功能物质量向价值量转化的过程中，在保证某评估指标生态功能相同的前提下，将实际的、复杂的生态问题和生态过程转化为等效的、简单的、易于研究的问题和过程来估算生态系统各项功能价值量的研究和处理方法。

权重当量平衡法：weight parameters equivalent balance approach

生态系统服务功能价值量评估过程中，当选取某个替代品的价格进行等效替代核算某项评估指标的价值量时，应考虑计算所得的各评估指标价值量在总价值量中所占的权重，使其保持相对平衡。

替代工程法：alternative engineering strategy

又称影子工程法，是一种工程替代的方法，即为了估算某个不可能直接得到的结果的损失项目，假设采用某项实际效果相近但实际上并未进行的工程，以该工程建造成本替代待评估项目的经济损失的方法。

替代市场法：surrogatemarket approach

研究对象本身没有直接市场交易与市场价格来直接衡量时，寻找具有这些服务的替代品的市场与价格来衡量的方法。

应税法：taxable approach

根据《中华人民共和国环境保护税法》中规定的环境保护税的税目和税额等，计算研究区环境保护税应纳税额的方法。

附表1　IPCC推荐使用的木材密度（D）　　　（单位：吨干物质/立方米鲜材积）

气候带	树种组	D	气候带	树种组	D
北方生物带、温带	冷杉	0.40	热带	陆均松	0.46
	云杉	0.40		鸡毛松	0.46
	铁杉、柏木	0.42		加勒比松	0.48
	落叶松	0.49		楠木	0.64
	其他松类	0.41		花榈木	0.67
	胡桃	0.53		桃花心木	0.51
	栎类	0.58		橡胶	0.53
	桦木	0.51		楝树	0.58
	槭树	0.52		椿树	0.43
	樱桃	0.49		柠檬桉	0.64
	其他硬阔类	0.53		木麻黄	0.83
	椴树	0.43		含笑	0.43
	杨树	0.35		杜英	0.40
	柳树	0.45		猴欢喜	0.53
	其他软阔类	0.41		银合欢	0.64

引自IPCC（2003）。

附表2　IPCC推荐使用的生物量转换因子（BEF）

编号	a	b	森林类型	R^2	备注
1	0.46	47.50	冷杉、云杉	0.98	针叶树种
2	1.07	10.24	桦木	0.70	阔叶树种
3	0.74	3.24	木麻黄	0.95	阔叶树种
4	0.40	22.54	杉木	0.95	针叶树种
5	0.61	46.15	柏木	0.96	针叶树种
6	1.15	8.55	栎类	0.98	阔叶树种
7	0.89	4.55	桉树	0.80	阔叶树种
8	0.61	33.81	落叶松	0.82	针叶树种
9	1.04	8.06	照叶树	0.89	阔叶树种

(续)

编号	a	b	森林类型	R^2	备注
10	0.81	18.47	针阔混交林	0.99	混交树种
11	0.63	91.00	檫树落叶阔叶混交林	0.86	混交树种
12	0.76	8.31	杂木	0.98	阔叶树种
13	0.59	18.74	华山松	0.91	针叶树种
14	0.52	18.22	红松	0.90	针叶树种
15	0.51	1.05	马尾松、云南松	0.92	针叶树种
16	1.09	2.00	樟子松	0.98	针叶树种
17	0.76	5.09	油松	0.96	针叶树种
18	0.52	33.24	其他松林	0.94	针叶树种
19	0.48	30.60	杨树	0.87	阔叶树种
20	0.42	41.33	铁杉、柳杉、油杉	0.89	针叶树种
21	0.80	0.42	热带雨林	0.87	阔叶树种

引自Fang等（2001），$BEF = a + b/x$，a、b为常数，x为实测林分的蓄积量。

附表3 各树种组单木生物量模型及参数

序号	公式	树种组	建模样本数	模型参数	
1	$B/V = a(D^2H)^b$	杉木类	50	0.788432	-0.069959
2	$B/V = a(D^2H)^b$	马尾松	51	0.343589	0.058413
3	$B/V = a(D^2H)^b$	南方阔叶类	54	0.889290	-0.013555
4	$B/V = a(D^2H)^b$	红松	23	0.390374	0.017299
5	$B/V = a(D^2H)^b$	云杉、冷杉	51	0.844234	-0.060296
6	$B/V = a(D^2H)^b$	落叶松	99	1.121615	-0.087122
7	$B/V = a(D^2H)^b$	胡桃楸、黄波罗	42	0.920996	-0.064294
8	$B/V = a(D^2H)^b$	硬阔叶类	51	0.834279	-0.017832
9	$B/V = a(D^2H)^b$	软阔叶类	29	0.471235	0.018332

引自李海奎和雷渊才（2010）。

附表4 退耕还林工程生态效益评估社会公共数据（推荐使用价格）

编号	名称	单位	出处值	评估参考价格	来源及依据
1	水库建设单位库容投资	元/吨	—	8.57	根据1993—1999年《中国水利年鉴》平均水库库容造价为2.17元/吨，国家统计局公布的2012年价格指数为3.725，2012年到评估年份价格指数评动情况，得到评估参考价格。
2	挖取单位面积土方费用	元/立方米	42.00	45.24	根据2002年黄河水利出版社出版《中华人民共和国水利部水利建筑工程预算定额》（上册）中人工挖土方 I 和 II 类土类每100立方米需42工时，人工费依据《建设工程工程量清单计价规范》取100元/工日，根据贴现率贴现至评估参考价格。
3	磷酸二铵含氮量	%	14.00	14.00	化肥产品说明。
4	磷酸二铵含磷量	%	15.01	15.01	
5	氯化钾含钾量	%	50.00	50.00	
6	磷酸二铵化肥价格	元/吨	3300.00	3922.92	根据中国化肥网（http://www.fert.cn）2013年春季公布的磷酸二铵和氯化钾化肥平均价格，磷酸二铵为3300元/吨，氯化钾化肥的春季平均价格根据中国农资网（www.ampcn.com）2013年春季评估至评估参考价格。
7	氯化钾化肥价格	元/吨	2800.00	3328.53	
8	有机质价格	元/吨	800.00	951.01	根据中国化肥网（http://www.fert.cn）2013年春季；有机质价格为2800元/吨，鸡粪有机肥的春季平均价格得到，为800元/吨，根据贴现率贴现至评估参考价格。
9	固碳价格	元/吨	25.57	25.57	采用2017—2018年中国碳税价格加权平均值。
10	制造氧气价格	元/吨	1000.00	1544.33	采用中华人民共和国卫生部网站（http://www.nhfpc.gov.cn）2007年春季氧气平均价格（1000元/吨），根据贴现率贴现至评估参考价格。

(续)

编号	名称	单位	出处值	评估参考价格	来源及依据
11	负离子生产费用	元/10^{18}个	—	10.23	根据企业生产的适用范围30平方米（房间高3米），功率为6瓦，负离子浓度1000000个/立方米，使用寿命为10年，价格每个65元的KLD-2000型负离子发生器而推断获得，其中负离子寿命为10分钟，根据全国电网销售电价，居民生活用电现行加权平均价格为0.70元/千瓦时。
12	草方格固沙成本	元/吨	23.67	25.50	根据草方格沙障固沙工程费用计算得出，铺设1米×1米规格的草方格沙障，每公顷使用麦秸6000千克，每千克麦秸0.4元，即2400元/公顷，用工量245个工（日），人工费依据《建设工程量清单计价规范》取100元/工日，即24500元/公顷；另草方格维护成本150元/公顷，合计27050元/公顷。根据《沙坡头人工植被防护体系防风固沙功能价值评价》，1米×1米规格的草方格沙障每公顷固沙1142.85吨，即2016价格为23.67元/吨，根据贴现率贴现到评估年份为25.50元/吨。
13	稻谷价格	元/千克	2.7	2.99	根据中华粮网2015年稻谷（粳稻）平均收购价格，贴现到评估年份为2.99元/千克。
14	牧草价格	元/千克	0.4	0.43	根据2016年赤峰市翁牛特旗综合效益的经济评价价格，贴现到评估年份为0.43元/千克。
15	生物多样性保护价值	元/（公顷·年）			根据Shannon-Wiener指数计算生物多样性保护价值，采用2008年价格，即：Shannon-Wiener指数<1时，S_1为3000元/（公顷·年）；1≤Shannon-Wiener指数<2，S_1为5000元/（公顷·年）；2≤Shannon-Wiener指数<3，S_1为10000元/（公顷·年）；3≤Shannon-Wiener指数<4，S_1为20000元/（公顷·年）；4≤Shannon-Wiener指数<5，S_1为30000元/（公顷·年）；5≤Shannon-Wiener指数<6，S_1为40000元/（公顷·年）；指数≥6时，S_1为50000元/（公顷·年）；通过贴现率贴现至评估年份参考价格。

附表5　环境保护税税目税额表

税目		计税单位	税额	备注
大气污染物		每污染当量	1.2~12元	
水污染物		每污染当量	1.4~14元	
固体废物	煤矸石	每吨	5元	
	尾矿	每吨	15元	
	危险废物	每吨	1000元	
	冶炼渣、粉煤灰、炉渣、其他固体废物（含半固态、液态废物）	每吨	25元	
噪声	工业噪声	超标1~3分贝	每月350元	1.一个单位边界上有多处噪声超标，根据最高一处超标声级计算应税额；当沿边界长度超过100米有两处以上噪声超标，按照两个单位计算应纳税额 2.一个单位有不同地点作业场所的，应当分别计算应纳税额，合并计征 3.昼、夜均超标的环境噪声，昼、夜分别计算应纳税额，累计计征 4.声源一个月内超标不足15天的，减半计算应纳税额 5.夜间频繁突发和夜间偶然突发厂界超标噪声，按等效声级和峰值噪声两种指标中超标分贝值高的一项计算应纳税额
		超标4~6分贝	每月700元	
		超标7~9分贝	每月1400元	
		超标10~12分贝	每月2800元	
		超标13~15分贝	每月5600元	
		超标16分贝以上	每月11200元	

附表6　应税污染物和当量值表

一、第一类水污染物污染当量值

污染物	污染当量值（千克）
1. 总汞	0.0005
2. 总镉	0.005
3. 总铬	0.04
4. 六价铬	0.02
5. 总砷	0.02
6. 总铅	0.025
7. 总镍	0.025
8. 苯并(a)芘	0.0000003
9. 总铍	0.01
10. 总银	0.02

二、第二类水污染物污染当量值

污染物	污染当量值(千克)	备注
11. 悬浮物 (SS)	4	
12. 生化需氧量 (BOD_5)	0.5	同一排放口中的化学需氧量、生化需氧量和总有机碳,只征收一项。
13. 化学需氧量 (CODcr)	1	
14. 总有机碳 (TOC)	0.49	
15. 石油类	0.1	
16. 动植物油	0.16	
17. 挥发酚	0.08	
18. 总氰化物	0.05	
19. 硫化物	0.125	
20. 氨氮	0.8	
21. 氟化物	0.5	
22. 甲醛	0.125	
23. 苯胺类	0.2	
24. 硝基苯类	0.2	
25. 阴离子表面活性剂 (LAS)	0.2	
26. 总铜	0.1	
27. 总锌	0.2	
28. 总锰	0.2	
29. 彩色显影剂 (CD-2)	0.2	
30. 总磷	0.25	
31. 单质磷 (以P计)	0.05	
32. 有机磷农药 (以P计)	0.05	
33. 乐果	0.05	
34. 甲基对硫磷	0.05	
35. 马拉硫磷	0.05	
36. 对硫磷	0.05	
37. 五氯酚及五氯酚钠 (以五氯酚计)	0.25	
38. 三氯甲烷	0.04	
39. 可吸附有机卤化物 (AOX) (以Cl计)	0.25	
40. 四氯化碳	0.04	
41. 三氯乙烯	0.04	
42. 四氯乙烯	0.04	
43. 苯	0.02	
44. 甲苯	0.02	
45. 乙苯	0.02	
46. 邻-二甲苯	0.02	

(续)

污染物	污染当量值(千克)	备注
47. 对-二甲苯	0.02	
48. 间-二甲苯	0.02	
49. 氯苯	0.02	
50. 邻二氯苯	0.02	
51. 对二氯苯	0.02	
52. 对硝基氯苯	0.02	
53. 2,4-二硝基氯苯	0.02	
54. 苯酚	0.02	
55. 间-甲酚	0.02	
56. 2,4-二氯酚	0.02	
57. 2,4,6-三氯酚	0.02	
58. 邻苯二甲酸二丁酯	0.02	
59. 邻苯二甲酸二辛酯	0.02	
60. 丙烯腈	0.125	
61. 总硒	0.02	

三、大气污染物污染当量值

污染物	污染当量值(千克)
1. 二氧化硫	0.95
2. 氮氧化物	0.95
3. 一氧化碳	16.7
4. 氯气	0.34
5. 氯化氢	10.75
6. 氟化物	0.87
7. 氰化物	0.005
8. 硫酸雾	0.6
9. 铬酸雾	0.0007
10. 汞及其化合物	0.0001
11. 一般性粉尘	4
12. 石棉尘	0.53
13. 玻璃棉尘	2.13
14. 碳黑尘	0.59
15. 铅及其化合物	0.02
16. 镉及其化合物	0.03
17. 铍及其化合物	0.0004
18. 镍及其化合物	0.13

(续)

污染物	污染当量值（千克）
19. 锡及其化合物	0.17
20. 烟尘	2.18
21. 苯	0.05
22. 甲苯	0.18
23. 二甲苯	0.27
24. 苯并(a)芘	0.000002
25. 甲醛	0.09
26. 乙醛	0.45
27. 丙烯醛	0.06
28. 甲醇	0.67
29. 酚类	0.35
30. 沥青烟	0.19
31. 苯胺类	0.21
32. 氯苯类	0.72
33. 硝基苯	0.17
34. 丙烯腈	0.22
35. 氯乙烯	0.55
36. 光气	0.04
37. 硫化氢	0.29
38. 氨	9.09
39. 三甲胺	0.32
40. 甲硫醇	0.04
41. 甲硫醚	0.28
42. 二甲二硫	0.28
43. 苯乙烯	25
44. 二硫化碳	20

附表7 存款利率及贷款利率

年份	存款利率(%)	贷款利率(%)	年份	存款利率(%)	贷款利率(%)
2003	1.98	5.31	2011	3.25	6.31
2004	2.25	5.58	2012	3.25	6.16
2005	2.25	5.58	2013	3.00	6.00
2006	2.52	5.99	2014	2.75	5.60
2007	3.47	6.93	2015	2.63	5.65
2008	3.33	6.34	2016	2.75	4.75
2009	2.25	5.31	2017	2.75	4.75
2010	2.63	5.69	2018	2.75	4.9

下 篇

社会经济效益监测

第六章

监测背景

为保护和改善生态环境，促进经济社会可持续发展，党中央、国务院做出了实施退耕还林工程的重大决策，通过变更土地利用结构，将水土流失和沙化问题严重、粮食产量低而不稳的耕地，有计划、有步骤地停止耕种，因地制宜地植树造林，恢复森林植被，促进可持续发展，实现惠民济民的建设效果。自1999年以来，退耕还林工程实施进展顺利，已经成为西部大开发和可持续发展战略的重要组成部分，成为改善生态环境、调整农业产业结构、拉动内需、生态富民的战略切入点。2014年国家正式启动新一轮退耕还林工程，党的十九大指出要扩大退耕还林还草规模，对退耕还林工程建设提出了新的要求。

帮助农民脱贫是退耕还林工程建设的重要使命。2016年11月23日，国务院印发的《"十三五"脱贫攻坚规划》明确提出，解决区域性贫困是"精准扶贫"的重要任务之一。解决区域性贫困的核心，是做好集中连片特困地区的脱贫攻坚。集中连片特困地区农村贫困人口为2875万人，农村贫困发生率为13.9%，较全国高出8.2个百分点[1]，贫困人口多，贫困发生面大，贫困程度深，脱贫难度大，常规的扶贫手段往往难以奏效。另一方面，集中连片特困地区往往是大江大河、湖库水系源头分布区，也是农牧交错地带密集区，生态区位非常重要，是退耕还林工程实施的主要区域。将退耕还林工程任务向集中连片特困地区倾斜，发挥退耕还林工程在帮助贫困群众增加收入和提高自我发展能力、促进地区经济又好又快发展等方面所发挥的发挥综合效能，既能改变这些地区的山水，还能促进产业脱贫、转移就业脱贫、生态保护扶贫、提升贫困地区区域发展能力。

为贯彻落实习近平总书记关于"精准扶贫"的系列讲话精神，集中连片特困地区实施退耕还林工程社会经济效益监测，针对退耕还林工程实施对地区经济增长、农业产业结构调整、农村改革、农民家庭生计等方面产生的影响，进行系统、全面、科学地评价，特别是对在扶贫攻坚中的作用、效果进行认真分析，总结典型经验，研究分析问题，提出对策建议，为这项关系国计民生的重大工程提供决策服务，为全国扶贫攻坚战役取得彻底胜利贡献力量。

---

[1]《"十三五"脱贫攻坚规划专家系列解读之三：集中连片特困地区脱贫攻坚新方略》，国家发展改革委员会地区司组织有关专家撰写"十三五"脱贫攻坚规划系列解读文章。

第七章 监测目标和方法

退耕还林工程是一项生态、经济、社会效益"三效统一",农村生产、生活与生态改善"三结合"的系统工程。开展集中连片特困地区退耕还林工程社会经济效益监测需要按照系统思维方法,根据工程建设总体目标、基本内容、政策措施,明确监测目标、确定科学可行的信息数据调查方法,强化监测质量管理,确保监测结果有数据做支撑,研究结论有事实为依据。

7.1 监测目标

监测的目标主要是系统梳理并客观评价集中连片特困地区实施退耕还林工程产生的社会和经济效益,并以这些效益为研究起点,发现典型,总结经验,分析问题,为继续深入推进退耕还林工程建设,进一步完善工程政策提供决策参考。具体目标包括:

一是反映成效。这是开展这项监测的主要目标。以生态建设为根本目标的退耕还林工程,同时还具有生态扶贫、增加就业、扩大内需、提供生态服务等多重功能,并且对推进国家全面深化改革、生态文明制度建设、供给侧结构性改革等都具有重大作用,需要从直接性与间接性、主要效益和次要效益、短期效益和长远效益三个角度,系统梳理效益类型,通过构建多层次、多类型的指标体系,采用定量分析和定性描述相结合的方法,系统全面、多类多样、恰如其分地反映工程的社会经济效益。

二是总结经验。退耕还林工程是我国生态建设史、社会发展史、农村发展史上的重大事业。各级党委、政府和相关部门,把退耕还林工程与基本农田建设、农村能源建设、生态移民、后续产业发展、封山禁牧舍饲等配套保障措施结合起来,采取一系列措施,推动工程建设,在培育地区新的经济增长点、促进农民就业创业、发展新型林业经营主体、产权模式创新、促进精准脱贫等方面形成一系列典型经验。这些典型经验既从不同角度印证了退耕还林工程实施所产生的社会经济效益,对全国其他实施退耕还林工程的地区具有重要的复制、推广、借鉴价值。因此,这项监测在每一个类型的效益论述中,都会选取一个典型案例,主要从措施方法的角度来说明典型地区是如何取得这些工程成效的。

三是发现问题。问题是时代的回音，也是实践的起点。实施退耕还林，是生态建设的重大举措，是西部大开发的重要组成部分，改善了生态环境，促进了农业结构调整，增加了农民收入，但是一些地区的退耕农户的长远生计保障能力尚未全面建立，后续产业没有完全形成，应退的耕地任务还没有全面落实，等等。对于这些较为突出的问题，特别是涉及的利益群体多的问题，需要采取"望闻问切"的研究办法，为政策制定及政策执行情况进行"体检"，多维"透视"政策体系结构特点，为促进各层级、各类型的政策搭配、互补、协调，提供科学依据；需要正反"扫描"各项政策运行情况，识别、分析问题成因；需要"问诊"症结，"把脉"政策业绩表现，为决策部门"对症下药"、解决问题提供依据。

四是提出建议。政策研究的最终指向都是为了对策建议。本项监测也是为集中连片特困地区更好更有效地实施退耕还林工程，产生更大社会经济效益，为"策"而"谋"，立足工程实施过程中存在的现实问题，抓住监测调查中发现的关键问题，通过对不同性质的问题进行深入分析，解决策之所需，提出有用、可用、管用的对策建议，完善政策，推进退耕还林工程高质量发展，让退耕还林工程在集中连片特困地区脱贫工作中发挥更大作用。

7.2 调查方法

退耕还林工程建设关系国土生态安全、地区社会稳定，政策内容丰富，区域覆盖面极广，为客观评价工程实施在集中连片特困地区的社会经济效益，根据监测目标，确定了调查对象、内容，以及信息数据收集的方法路径，确保监测结果言之有物、言之有据、言之成理。

7.2.1 调查内容

根据退耕还林工程的主要政策措施，社会经济效益监测的调查内容主要是退耕还林工程实施对集中连片特困地区的社会和经济发展所产生的重大直接影响，主要包括：集中连片特困地区在退耕还林工程实施期间的社会经济、人口资源与环境等基本情况；工程实施在农村扶贫、农民就业、土地经营制度、生产生活等方面产生的影响，以及因工程实施对地区经济发展带来的直接影响（表7-1）。这些监测内容主要通过监测指标来体现（见附录Ⅱ）。

表7-1 集中连片特困地区退耕还林工程社会经济效益监测调查内容

基本内容	具体内容
基本情况	耕地面积、林地面积、草地面积、农村人口、农户家庭情况、地区总产值
社会效益	扶贫脱贫、以林就业、新型林业经营主体发展、产权制度改革、生产生活方式变化等
经济效益	林业产值、地区经济增长贡献、地区产业结构调整、林下经济发展、特色经济林发展等

7.2.2 调查对象

2011年，国务院发布的《中国农村扶贫开发纲要（2011—2020年）》将六盘山区、秦巴山区、武陵山区、乌蒙山区、滇桂黔石漠化区、滇西边境山区、大兴安岭南麓山区、燕山—太行山区、吕梁山区、大别山区、罗霄山区等区域的集中连片特困地区和已明确实施特殊政策的西藏、四省藏区、新疆南疆四地州，共计689个县作为扶贫攻坚主战场。集中连片特困地区实施的退耕还林工程社会经济效益监测以这些县（简称"监测县"）为主要调查对象，观测在这些县实施的退耕还林工程对地区社会和经济发展所带来的影响。

此外，本次监测还直接收取了"国家林业重点工程社会经济效益监测[①]"中的105个实施退耕还林工程的县（简称"样本县"）、1576个参与退耕还林工程的农户（简称"样本户"）的调查数据结果，作为集中连片特困地区实施退耕还林工程的社会经济效益监测的有益补充。特别是，自2010年开始，"国家林业重点工程社会经济效益监测"分别于2010、2013、2017和2018年度4次组织返乡大学生开展退耕农户问卷调查，调查了全国25个省（自治区、直辖市）的约8000个农户（简称"访谈户"），了解农户参与退耕还林工程的原因、方式、结果、政策评价等内容。以上做法进一步延伸和丰富了监测调查对象，有利于决策部门从最基层的农户的角度，研究退耕还林工程实施进展情况，从更大范围了解工程产生的社会经济效益。

7.2.3 数据收集

退耕还林工程监测主要采取函调和访谈调查的方式获取指标数据（表7-2）。调查组织方式和过程如下：

第一步，2018年3月开展"全国退耕还林（草）工程社会经济效益调查"，对全国105个样本县、1576个样本户进行跟踪调查。

第二步，2018年1月和8月，利用大学生寒暑假机会，组织返乡大学生开展退耕农户问卷调查。

[①] 自2003年，国家林业重点工程社会经济效益测报中心与国家林业局计划与资金管理司联合开展了国家林业重点生态工程社会经济效益监测，建立了包括退耕还林工程在内的全国性的县级工程实施单位监测调查点。此后，国家林业重点工程社会经济效益监测对这些县级固定监测点进行年度持续跟踪调查。

第三步，2018年5月下发"集中连片特困地区实施退耕还林（草）工程社会经济效益调查表"。

第四步，2019年1月进行调查数据审核、汇总，并结合各调查县统计公报数据对调查数据进行校正、完善。

第五步，2019年5月征集退耕还林工程扶贫脱贫典型案例材料。

表7-2 集中连片特困地区退耕还林工程社会经济效益监测数据收集方法

调查对象	调查方式	调查手段
县	函调	调查表、典型案例
农户	访谈	调查问卷

7.3 监测管理

集中连片特困地区退耕还林工程社会经济效益监测是一项系统工程，调查点多、调查内容宽泛、调查持续时间较长，组织实施难度较大，调查组织管理要求很高。为确保调查数据质量，项目组在多个环节，采取多种措施强化监测项目组织管理。

7.3.1 开展独立调查

鉴于国家林业和草原局经济发展研究中心长期开展"国家林业重点工程社会经济效益监测"，具有丰富的监测调查经验，也形成了系统、翔实的调查数据结果，国家林业和草原局退耕还林工程管理办公室委托该中心针对"集中连片特困地区"进行监测调查社会经济效益指标设计，并开展数据采集、审核、汇总和分析等工作。在农户层面，经济发展研究中心按照工作要求，分别组织了北京林业大学、西南林业大学、甘肃农业大学等林业科研院所的大学生开展入户访谈。

7.3.2 调查质量控制

为了确保监测调查数据质量，项目组组织了研究人员，采取了复核抽检的方式，利用电话回访、入户回访，统计、农业、水利、国土、环保、气象等部门数据核对等方式，对监测调查数据进行核实印证，确保调查数据不虚报、瞒报、错报、漏报。

7.4 调查地区实施退耕还林工程基本情况

7.4.1 工程实施范围覆盖三成农户

截至2017年底,集中连片特困地区的341个监测县[①]共有1108.31万个农户家庭参与退耕还林工程,占该这些县农户总数的30.54%(表7-3)。从年度变化来看,2017年在集中连片特困地区的341个监测县参与退耕还林工程的农户数分别是1998年和2007年的369倍和2.50倍,占这些县总户数的比重分别比1998年和2007年上升了23.32个百分点和14.42个百分点。

表7-3 2017年341个县退耕还林工程参与农户数和参与率

地区	参与农户数(万户)	参与率(%)	地区	参与农户数(万户)	参与率(%)
六盘山区	16.69	20.92	燕山—太行山区	95.77	58.40
秦巴山区	286.21	39.63	吕梁山区	31.50	38.16
武陵山区	273.06	37.26	大别山区	27.71	10.01
乌蒙山区	130.50	28.68	罗霄山区	23.78	10.36
滇桂黔石漠化区	134.74	26.78	西藏区	2.67	28.89
滇西边境山区	52.25	21.42	四省藏区	21.90	61.47
大兴安岭南麓山区	0.09	0.90	南疆四地州	11.44	13.48

7.4.2 三成投资为完善政策补助

截至2017年底,集中连片特困地区实施新一轮退耕还林还草工程,全年共完成造林面积192.33万公顷,其中,退耕地造林121.33万公顷,荒山荒地造林71万公顷,分别占总造林面积的63.08%和36.92%;共完成投资222.14亿元,其中新一轮退耕还林还草补助73.90亿元占总投资额的33.27%。

7.4.3 林地草地面积大幅增长

截至2017年底,14个集中连片特困地区林业用地面积为14.7亿亩,比2007年增加4.27亿亩,增长了40.9%;牧草地面积6.51亿亩,比2007年增加2.04亿亩,增长了45.6%。林地和牧草地面积的大幅增长,有利于解决部分特殊困难地区发展面临的生态环境瓶颈问题,对改善农民牧民基本生产生活条件,逐步改变贫困地区整体落后的面貌提供了有利条件。

---

① 该指标数据有效的县。

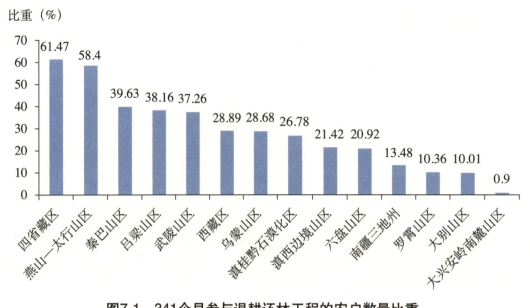

图7-1 341个县参与退耕还林工程的农户数量比重

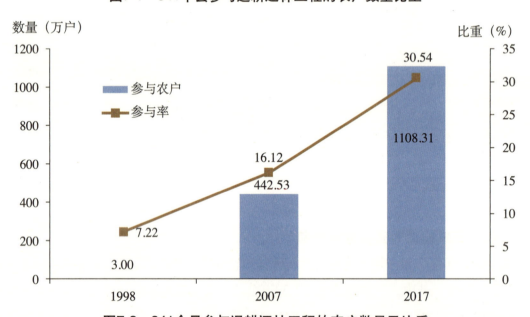

图7-2 341个县参与退耕还林工程的农户数量及比重

专栏 提高新一轮退耕还林还草种苗补助标准

根据新一轮退耕还林还草补助政策,退耕还林还草农户将分别于退耕第一年、第三年和第五年获得退耕还林补助资金,补助标准为800元/亩[①](含300元种苗费)、300元和400元;退耕还草农户将分别于退耕的第一年和第三年获得每亩500元(含种苗种草费120元)和300元。2017年,国家发展改革委等五部门在《关于下达2017年度退耕还林还草任务的通知》(发改西部〔2017〕262号)中,将退耕还林还草种苗造林费补助标准从每亩300元提高到400元。

---

① 1亩=1/15公顷,下同。

第八章 监测结果

集中连片特困地区通过实施退耕还林工程以"生态化"带动了农业农村的"现代化",优化了土地利用结构,促进了农村劳动力转移,推动了农业产业结构调整,加快了乡村振兴和美丽乡村建设,提高了地区发展动力和能力,为农民以林就业增收提供了新的机会,为农村脱贫攻坚提供了新的着力点,为促进地区发展提供了新的经济增长点。

8.1 社会效益

实施退耕还林工程不仅能使乡村生态更好、环境更美、更宜居,而且能促进乡村产业更兴旺、村民更富裕、生活更美好,还能移风易俗,改变农村生产生活方式,促进乡风文明,有助于推进乡村振兴战略、建设美丽乡村。

8.1.1 促进了精准扶贫

退耕还林工程是一项重要的民生工程,也是一项重要的扶贫脱贫工程。新一轮退耕还林工程结合精准扶贫进行任务精准投放,在年度工程任务优先向贫困地区和贫困人口倾斜,使尽可能多的建档立卡贫困人口享受退耕还林工程政策带来的优惠。

(1) 约七成工程任务投向集中连片特困地区

为进一步发挥退耕还林工程扶贫作用,根据中央关于加大生态扶贫支持力度,加强三区三州生态建设,优先安排退耕还林还草任务的要求,新一轮退耕还林还草工程将符合条件的集中连片特困地区和重点贫困县纳入实施范围,工程任务安排重点向这些地方倾斜。2014年、2015年、2016年和2017年,全国集中连片特困地区分别安排退耕还林任务400.26万亩、711.01万亩、1054.05万亩和809.61万亩,分别占全国年度计划任务总量的73%、70%、71%和66%(表8-1)。

表8-1　集中连片特困地区实施退耕还林工程面积及占比

年份	全国面积（万亩）	集中连片特困地区面积（万亩）	占比（%）
2014年	548.30	400.26	73
2015年	1015.73	711.01	70
2016年	1484.58	1054.05	71
2017年	1226.68	809.61	66

在乡、村、户层面，集中连片特困地区继续将退耕还林任务向贫困乡镇、农村和农户倾斜。2017年样本县共有339个集中连片特困区的乡镇参加新一轮退耕还林工程，占样本县参加退耕还林工程乡镇总数的65.95%；有1394个集中连片特困区的行政村参加退耕还林工程，占样本县参加退耕还林工程行政村总数的63.33%；有9.86万户集中连片特困区的农户参加退耕还林工程，占样本县参加退耕还林工程农户总数的57.48%（图8-1）。

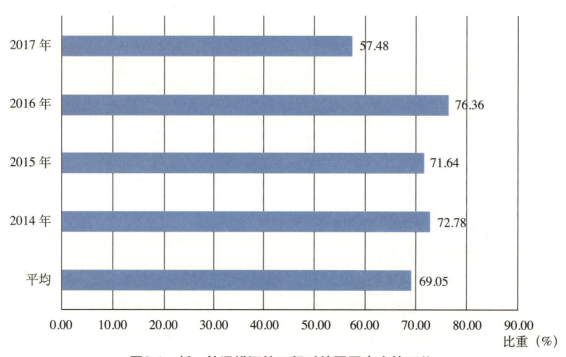

图8-1　新一轮退耕还林工程对特困区农户的覆盖

广西壮族自治区54个贫困县共完成退耕还林工程建设任务1020.86万亩，中央已累计拨付54个贫困县退耕还林补助资金108.0亿元，占全区退耕还林工程中央投资到位资金的78.2%。云南省将乌蒙山区、滇桂黔石漠化地区、滇西边境山区和四省藏区涉及云南省的88个贫困县1918.2万亩的25度以上坡耕地等地类全部纳入退耕还林还草规划范围，占全省总体规模的91.4%。累计完成国家安排的新一轮退耕还林还草任务680万亩。其中，倾斜安排88个贫困县退耕还林还草任务615.47万亩、占90.51%；重点安排建档立卡贫困户退耕还林155.6万亩，涉及24.8万户、99.3万人，实际到位补助资金18.7亿元，贫困户获得现金补助户均7540元、人均1883元。

（2）三成建档立卡贫困户参与退耕还林工程

从退耕还林工程扶贫的精准化程度来看，截至2017年底，监测县参与退耕还林工程的建档立卡贫困户216.63万户，占该区域建档立卡贫困户的31.25%；其中，参与前一轮退耕还林工程的农户累计129.38万户，参与新一轮退耕还林工程的农户累计87.19万户，分别占该地区建档立卡贫困户总数的18.67%和12.58%。分地区来看，四省藏区和乌蒙山区参与退耕还林工程的建档立卡贫困户比重较高，分别达到70.86%和53.06%（表8-2）。贵州省十分重视退耕还林的精准扶贫作用，2014—2017年安排给三大贫困地区66个县的退耕还林面积占全省总任务的85.9%，建档立卡贫困户退耕还林实现了应退尽退。2014—2016年，云南省怒江州实施新一轮退耕还林政策，总面积47万多亩，项目惠及退耕农户7.69万户，29万多人。其中包括贫困户2.3万户，7.96万人。

表8-2　2017年集中连片特困地区参与退耕还林工程的建档立卡贫困户数量及其占该地区建档立卡贫困户总数的比例

地区	户数（万户）	占比（%）	地区	户数（万户）	占比（%）
六盘山区	2.50	23.08	燕山—太行山区	13.45	35.99
秦巴山区	43.75	38.89	吕梁山区	5.10	26.48
武陵山区	62.41	38.52	大别山区	2.53	7.34
乌蒙山区	42.84	53.06	罗霄山区	2.50	3.91
滇桂黔石漠化区	23.89	24.55	西藏区	0.98	35.01
滇西边境山区	11.50	30.97	四省藏区	3.91	70.86
大兴安岭南麓山区	0.09	16.27	南疆三地州	1.18	4.04

2014年，安徽省歙县有建档立卡贫困人口16446户，其中70%以上的贫困户有山场林地。在脱贫攻坚战中，歙县发挥林业在精准扶贫中的特殊地位和可持续作用，新一轮退耕还林工程优先考虑建档立卡贫困户，将贫困户参与的退耕还林小班的起始面积下调至1亩，确保更多的贫困户享受到新一轮退耕还林政策。截至2017年底，已有711户建档立卡贫困户参与到退耕还林工程建设中，可获工程建设补助资金75.765万元，户均增收1065.6元。

（3）以林脱贫的长效机制开始建立

近20年来退耕还林工程与扶贫开发紧密结合，以生态环境建设与生态产业发展有机结合作为政策重点，特别是新一轮退耕还林工程不限定生态林和经济林比例，农户根据自己意愿选择树种，这有利于实现生态建设与产业建设协调发展，生态扶贫和精准扶贫齐头并进，以增绿促增收，奠定了农民以林脱贫的资源基础。国家林业重点工程社会经济效益监测结果显示，样本户的退耕林木已有六成以上成林，且90%以上长势良好；三成以上的农户退耕地上有收入，60%左右的退耕户以外出务工收入为主，基本医疗和基本养老覆盖率超过90%。

为了充分发挥新一轮退耕还林工程在脱贫攻坚中的重要作用，四川省加强科学引导，因地制宜地引导农民在退耕地上发展经济林，帮助贫困退耕户脱贫奔小康。据统计，2015年该省新一轮退耕还林工程共营造经济林29.62万亩，占当年任务50万亩的59.2%，其中：核桃19.15万亩、占38.3%，花椒4.16万亩、占8.3%，其余树种包括李子、柑橘、柚子、银杏、枇杷、柠檬、杧果等。预计3～5年后，这些经济林将进入投产期，促进退耕农户增收致富。

云南省普洱市澜沧县把退耕还林工程实施与花椒产业发展有机结合，该县木戛乡建成花椒基地2000亩，惠及4856农户、16192人，其中建档立卡户2888户、9439人，贫困人口占惠及人口的58.29%。此外，一些退耕地区利用退耕地发展经济林果，发展林下经济。这些经济林或者林下经济，往往2～3年就可以进入收获期，受益期却长达几十年甚至上百年，成为农民持续增收的"铁杆庄稼"，使贫困地区群众获得可持续性收入，实现了造血式扶贫。

专栏1　贵州省的退耕还林工程与扶贫开发

2016年末贵州省有农村贫困人口372.2万人。95%的贫困人口集中分布在武陵山区、乌蒙山区、滇桂黔石漠化区。这些地区生态环境脆弱、自然灾害频繁、坡耕地开垦面积大、水土流失严重，农村交通、水利等农业生产条件差。为加快退耕还林工程扶贫开发力度，贵州省将全省87个县（市、区）、1403个乡镇、14012个行政村纳入工程实施范围，涉及197万农户824万人，其中：贫困户数122万户，贫困人口510万人。贵州退耕还林工程结合扶贫开发的主要政策有：

一是在任务安排上向贫困地区倾斜，满足贫困农户的需要，争取需退尽退。新一轮退耕还林工程实施三年来，累计安排给三大贫困地区的面积占全省总任务的86.12%。积极向国家有关部委争取，调减耕地保有量和基本农田保护面积，并将适宜退耕还林的面积全部纳入退耕还林范畴，以满足贫困地区、贫困农户对退耕还林的需要；在任务与时间安排上，对贫困户需要退耕还林的面积实行单独申报，优先安排。

二是整合项目资金，扶持参与退耕还林工程的贫困农户发展林业产业。该省充分利用国家、省支持贫困县开展统筹整合使用财政涉农资金试点、新一轮退耕还林不再限定生态林比例的有利条件，把财政涉农资金整合到退耕还林工程上来，因地制宜，选择一批优质、高效和市场前景好的经济林树种，大力发展山地高效特色经济林，开展林粮间作，发展林下经济，建成一批高标准、高质量的退耕还林基地，达到产业发展脱贫的效果。

8.1.2 促进了农民就业

就业是民生之本。退耕还林工程建设内容主要是植树造林、森林抚育、森林管护等，劳动需求量大，技术门槛低，吸纳了大量农村人口就业；在退耕地上种植的特色经济林、用材林，以及以这些资源为基础发展的后续林业产业，也为农村人口创造了大量的就业机会。

（1）农民以林就业

国家林业重点工程社会经济效益监测结果显示，2017年样本县农民在退耕林地上的林业就业率为8.01%，比2013年增加了2.26个百分点。此外，国家有关文件提出"谁退耕、谁造林（草）、谁经营、谁受益"的政策，引导农民对退耕地上的林木等自然资源进行自主经营，发展育苗、栽培、林药、林果、林菌、林猪、林鸡等多种经营，以自主经营实现了自主就业。大学生入户访谈结果显示，有76.56%的受访农户自家经营退耕地，有23.44%的受访农户采取"公司+农户"合作经营方式或把退耕地流转给大户经营，然后自主选择，在合作或流转退耕地上打工（图8-2）。

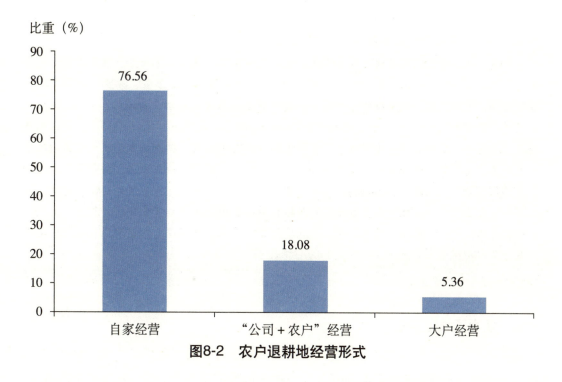

图8-2　农户退耕地经营形式

陕西省安康市汉滨区有贫困人口10万之多，占全市1/3，多数贫困人口居住在山区。在新一轮退耕还林工程实施中，该区按照把"山当田种，林当园管"的发展思路，在退耕地上大力发展特色经济林，把莽莽群山成为生态产业的"第一车间"，万千林农成为现代林产业的"产业工人"，使退耕还林工程成了名副其实的就业工程。安康市瀛天生态农林开发有限公司是当地政府2012年招商引资进来的一家集绿色富硒核桃种植、加工、销售为一体的民营科技企业。目前，公司已建成核桃示范基地3600亩及联营基地2万亩，安置当地贫困人口100余人就业，户均增收2.5万元，先后带动天柱山村50余户贫困户脱贫。汉滨弘禾农林科技有限公司在该区先后投资1818万元发展核桃产业园，核桃基地总面积达5000亩，常年在园区务工的贫困户百余户，带动周边农户种植优质核桃基地达1万亩，解决劳动力就业200多人，因为核桃，当地农民人均增收3000元。

(2) 促进农民非农就业

退耕还林工程让农民告别了以种粮为主、广种薄收的传统土地经营模式，把农村劳动力从耕地上解放出来，富余劳动力外出务工，促进了非农就业。2017年集中连片特困地区监测县外出务工455.8万人，是2007年外出务工人口的2.1倍，是1998年的6.6倍。农户监测结果显示，2017年样本户家庭外出打工人数占家庭劳动力人数的比重为56.92%，比2015年增加了20.89个百分点，比2013年增加了22.74个百分点。据贵州省林科院定位监测，退耕还林工程实施后，工程区退耕农户外出务工人数占全部劳动力的48%以上，务工收入占人均纯收入的42%。

> **专栏2　新疆温宿县退耕还林工程助力生态移民**
>
> 　　新疆阿克苏地区温宿县通过生态移民工程，在柯柯牙镇建立了林业生态移民工程示范基地，将784户游牧民从山区搬迁到平原地区。依托新一轮退耕还林工程，按照"农民自愿、政府引导、因地制宜、统一标准"的原则，将林业生态移民工程示范基地的5554.3亩核桃纳入了新一轮退耕还林，已累计发放补助资金610.973万元，实现户均增收7793元。在林果产业发展过程中，农户会得到林业技术人员的指导，其造林技术、林木抚育管护等方面的经验积累与技术水平都会逐渐提高；返聘部分定居牧民参加核桃基地日常管理，按劳取酬，增加了定居牧民的工资性收入。温宿县还将部分家庭有剩余劳动力的牧民转换为巡逻护边员，每人每月获得2000元的报酬。由于推动退耕还林政策向贫困户倾斜、资金投入向贫困户集中，使退耕还林工程由"输血式扶贫"向"造血式扶贫"转变，最大程度上让全县贫困户从生态产业发展中获得更多实惠。

(3) 实现了绿岗就业

自2016年开始，中央财政安排20亿元购买生态服务，聘用建档立卡贫困群众为生态护林员。一些地方政府把退耕还林工程与生态护林员政策相结合，通过购买劳务的方式，优先将身体健康、能胜任野外巡护工作、责任心强的贫困退耕人口转化为生态护林员，并积极开发公益性岗位，促进退耕农民就业。自2000年以来，随着退耕还林工程等重点林业生态工程的实施，贵州省森林面积快速增加。由于贵州省是典型的喀斯特地貌，山路险峻，一个护林员的有效管护面积为1300~1500亩，全省应建立10万人的管护队伍，但是2016年全省森林管护人员仅为4.2万人，人均管护森林面积为3300亩，管护人员不足，难以全面、有效地管护好该省的森林资源。另一方面，贵州省退耕还林工程实施地区又是贫困人口集中地区。因此，2017年贵州省获得了2.95亿元中央财政补助资金，结合实际选聘了2.95万名生态护林员，覆盖全省66个贫困县，2.95万户建档立卡贫困家庭，带动12.52万贫困人口脱贫。目前，新上岗的生态护林员已成为该省森林管护的主力军，管护区域内森林火灾、森林病虫害等森林灾害大幅降低，防控力度有较大的提高。2016年云南省怒江州设置森林管护人员等岗位，已有8559名建档立卡贫困户被聘为生态护林员，退耕地上的生态资源得到有效保护，同时也给贫困农民提供了就业机会，实现了山上就业、家门口脱贫。

此外，一些地区在退耕还林工程实施过程中创新农民绿岗就业方式，改变简单给钱、给粮的做法，采用生产奖补、劳务补助、以工代赈等机制，引导农民以林脱贫致富。甘肃省定西市通渭县平襄镇瓦石村有170户村民，平均每户有20多亩耕地。因干旱少雨、土地贫瘠等原因，耕地广种薄收成为常态，撂荒地越来越多。新一轮退耕还林工程实施后，村里25度以上的坡耕地栽植树苗后，该村采取"村委会+护林员+农户"的管理模式，村委会监督管理，聘请村民为护林员进行专门管护；和村民签订了长期管护合同，村民既负责栽种树苗也负责树苗的成活率，对成活率低于85%的退耕地，村民要进行补种，这样既能保证退耕还林的质量还能增加村民的经济收入。

8.1.3 促进了新型林业经营主体发展

集中连片特困地区为确保退耕成果得到有效巩固，结合实施退耕还林后续产业项目，积极支持新型林业经营主体参与，通过专业合作组织统建、大户承建、农户合建等方式，提升退耕还林工程实施的组织化程度；有些地方在退耕还林工程建设工作中不再沿用过去"农户自主造林"的模式，通过"公司、专业合作社或能人+党支部+基地+农户"的模式，把农户"散干"转变为组织化建设，提高工程建设的标准化、规模化、组织化、高效化程度，真正做到"退一片造一片、造一片成一片"（表8-3）。

表8-3 新型林业经营主体参与退耕还林工程方式

方式	内容
专业合作	采取"专业合作组织+基地+农户"的模式，由专合社负责供苗、栽植、技术服务和产品回收，退耕农户以土地入股，退耕地产出收益按比例分成
大户承建	引导退耕农户将退耕地租赁给专业大户，由专业大户在退耕地上统一经营，退耕农户获取土地流转费，并可能在退耕地上受雇打工
预期流转	引导退耕农户按照土地利用规划，在退耕地上统一造林，预先收储，再统一流转给企业、公司、专业合作社等新型农业经营主体经营

四川省绵阳市游仙区结合实施退耕还林后续产业项目，大力培育新型林业经营主体。全区共组建林产业专合组织13个，培育造林业主大户19个，建成林产业基地13个，发展杨

树、栾树、臭椿、巨桉、核桃、枇杷、枣等特色林业产业基地1.5万亩，占退耕还林总面积的51.02%，带动林农4000户，人均增收150元。云南省镇雄县鼓励引导公司、企业、村级党组织主导下的村集体组织或农民专业合作社等新型林业经营主体参与新一轮退耕还林工程建设，注重构建好合作模式，引导退耕农户将退耕地及补助资金"入股"新型农村经营主体，形成利益共同体，通过合作经营切实放大退耕还林工程效益；使退耕还林工程成为实现农村资源变资产、资金变股金、农民变股东的有力载体，让群众真切感受到新模式带来的实在利益。

陕西省安康市汉滨区按照"支部+X+贫困户"组织联结模式，吸引能人返乡、资本下乡，以"三变"改革为突破，以加入产业联盟为方式培育林业经营主体，把退耕还林工程建设链接到新型林业经营主体发展上，培育林业企业143家、林业合作社368家、林业园区131个，带动205个贫困村、2.28万户、7.36万贫困人口实现近期脱贫，长期增收。

为进一步加快推进退耕还林工程建设，推动社会资本参与工程建设，培育新型林业主体，促进退耕还林规模化发展、集约化经营，充分发挥工程建设整体效益，2017年12月，云南省人民政府办公厅出台了《关于完善政策鼓励和引导社会资本推进新一轮退耕还林还草工程建设的指导意见》。全省各地认真落实省政府要求，昭通、楚雄、怒江等州市相继出台了创新经营机制鼓励社会资本参与工程建设和调整农业种植结构的政策措施。昭通市威信县2017年度5万亩退耕还林任务全部由引进的公司、大户、合作社组织实施，社会资本参与度100%；玉溪市的新平县利用退耕还林政策撬动社会资本，建设1.2万亩冰糖橙智慧农业管理系统和生态休闲观光园。

8.1.4 增进了农村公平

2015年在中共中央政治局第二十二次集体学习会上习近平总书记提出，让广大农民平等参与改革发展进程，共同享受改革发展成果。退耕还林工程作为重要的民生工程，农民是否平等参与工程项目、是否公平享受工程政策，是衡量退耕还林工程建设成效的一个重要指标内容。样本户监测结果表明，2017年新一轮退耕还林还草任务在不同收入组农户之间均匀分布。林业重点工程社会经济效益监测调查组将210户退耕户与210户对照户按农户家庭可支配收入的大小顺序进行五等分，其中"最低收入组"对退耕还林工程的参与度为0.2143，"最高收入组"对退耕还林工程的参与度为0.2095，退耕还林还草任务在样本农户的集中度[①]为-0.005，退耕还林还草任务均匀的在不同收入农户之间分配，让不同收入农户平等参与退耕还林工程，共同享受国家补助政策（表8-4）。

---

① 此处"集中度"为与统计学上的"离差"相反的概念，但都是用于反映观测值的分布情况。

表8-4　2017年新一轮退耕还林还草样本农户退耕任务集中度分析

人均纯收入五等分	退耕户分布（户）	退耕户分布占比（%）
最低	45	21.44
中低	47	22.38
中等	41	19.52
中高	33	15.71
最高	44	20.95
合计	210	100
退耕任务分布集中度		-0.005

8.1.5 改变了农户生产生活方式

退耕还林工程是推进供给侧结构性改革的重要内容，实现了"树上山，粮下川，羊进圈"，退耕农民部分地从农作物种植上抽出时间，更多地从事林业、副业和多种经营生产，既优化了土地利用结构，也促进了农业生产由粗放经营向集约经营转变，提高了农业综合生产能力。2017年集中连片特困地区的耕地面积为4.56亿亩，比2007年减少5.52亿亩，下降了54.76%，同期粮食播种面积为4.38亿亩，比2007年减少了2.16亿亩，减少了33.03%；与此对应，2017年集中连片特困地区粮食产量为1030.12万吨，比2007年增加了212.06万吨，增长了25.92%，平均每亩粮食产量增产12.78斤[①]，粮食播种面积下降，粮食产量增加，耕地粮食播种利用效率提高。此外，退耕还林工程还将众多的农民从种粮人变为植树人，改变了农民广种薄收的传统耕种方式，改变了农民思想观念，提高了农民的生态意识、市场竞争意识和科技创新意识。大量农村劳动力从第一产业中释放出来，投入到第二、三产业中。陕西省延安市实施退耕还林工程后，农村从事二、三产业的劳动力比重占到了20%，在农村家庭经营总收入构成中，来自二、三产业的收入近1000元。广西百色市右江区四塘镇百兰村退耕还林之前，主要种植甘蔗，劳动力投入大；2002年退耕还林后改种杧果，不仅提高了收入，也有效地释放了劳动力。

8.2 经济效益

退耕还林工程是促进农村经济发展的重要载体。退耕还林工程实施后，集中连片特困林业产业结构逐步调整，林业产值快速增长，对地区经济增长贡献逐步凸显。

---

① 1斤=500克，下同。

8.2.1 促进了地区经济发展

2017年，监测县地区生产总值44851.64亿元，林业产业总产值1492.44亿元，林业产业产值贡献率[①]为3.3%。分地区来看，武陵山区、滇西边境山区、滇桂黔石漠化区、秦巴山区、燕山—太行山区、大别山区的林业产值比较高，达到100亿元以上，其中武陵山区和滇西边境山区的林业产值分别达到341.38亿元和215.84亿元（表8-5）。从各地区林业产值贡献来看，燕山—太行山区、滇西边境山区、武陵山区的林业产值贡献率比较大，分别为8.91%、6.96%和5.83%。从年度发展情况来看，与2007年相比，监测县林业产业总产值增长了73.54%，年均增长率为5.67%；林业产业产值贡献率提高了1.46个百分点。

表8-5　2017年集中连片特困地区林业产值和林业产值贡献率

地区	林业产值（亿元）	林业产业产值贡献率（%）	地区	林业产值（亿元）	林业产业产值贡献率（%）
六盘山区	26.49	0.58	燕山—太行山区	166.71	8.91
秦巴山区	182.16	1.75	吕梁山区	14.69	1.76
武陵山区	341.38	5.83	大别山区	114.58	3.59
乌蒙山区	63.74	2.71	罗霄山区	89.73	1.94
滇桂黔石漠化区	188.34	3.23	西藏区	1.67	0.07
滇西边境山区	215.84	6.96	四省藏区	17.21	2.30
大兴安岭南麓山区	10.77	0.90	南疆三地州	59.13	2.90

8.2.2 加快了农村产业结构调整步伐

退耕还林工程实施过程中，积极探索生态经济型治理模式，培育绿色产业，发展特色经济，使以种植业为主的农业生产向林果种植业、畜牧业以及二、三产业过渡，优化了土地利用方式，提高了农业产业化经营水平，增加了土地产出效益，促进了生态和经济效益协调发展。实施退耕还林工程后，集中连片特困地区产值结构逐步优化，第一产业产值比重逐步下降，第三产业产值比重大幅上升。与1998年相比，2017年集中连片特困地区第一产业产值比重下降了6.3个百分点，为6.75%；第三产业产值比重提高了10.98个百分点，达到72.77%（表8-6）。

---

① 林业产值贡献率=林业产业增加值增量/地区GDP产值增量·100%

表8-6 集中连片特困地区三次产业结构及其年度变化

年份	第一产业(%)	第二产业(%)	第三产业(%)
1998	13.05	25.16	61.79
2007	7.22	20.82	71.96
2017	6.75	20.48	72.77

实施新一轮退耕还林工程过程中，贵州省利用不再限定生态林、经济林比例，允许林粮间作，发展林下经济的机遇，整合资金，引导山地农业产业结构调整，大力发展茶叶、核桃、油茶、刺梨以及山地畜牧业等林农产业，推动农村经济转型升级。贵州全省退耕还林培育的经济林、用材林、竹林以及林下种植等累计达460多万亩，调整了土地利用结构，改善了农村产业结构调整，增强了农民增收后劲。重庆市云阳县初步形成了以蚕桑、水果、干果、中药材等为龙头的六大骨干产业。2003年，仅巴阳镇枇杷一项，便可为退耕农民人均增收75元。

8.2.3 培育了地区新的经济增长点

集中连片特困地区大都山清水秀，生态资源丰富，科学合理利用优质生态资源，在退耕地上发展林下种植、林下养殖，积极发展木本油料、森林旅游、竹藤花卉、林下经济等优势产业，有助于培育新的经济增长点，将生态优势转化为经济优势和发展优势，让广大农民在培育守护绿水青山的同时收获更多金山银山。

（1）林下经济快速发展

2017年，集中连片特困地区监测县在退耕地上发展的林下种植和林下养殖产值分别达到434.3亿元和690.1亿元，分别比2007年增长了3.37倍和5.36倍。一些地区在退耕地上大力发展林-药、林-果-药、林-茶-药、林-菜-药等生产经营模式，耐阴药材如大黄、黄芩、防风、天麻以及苦丁茶等大面积种植，农户既能得到退耕还林补助和公益林生态效益补偿资金，还能获得药材、茶叶、蔬菜收入。2015年四川省阿坝州汶川县建成了药材、蔬菜、茶叶等林下种植基地3.5万亩，林下山葵远销日本、韩国；还发展鸡、鸭、鹅等林下养禽6.5万只，猪、牛、兔等林下养畜3.2万头，成为该县精准扶贫的重要着力点。

专栏3　宁夏彭阳县在退耕地发展林下养殖

宁夏回族自治区彭阳县地处黄土高原中部丘陵沟壑区，境内山多川少，沟壑纵横，土地贫瘠，植被稀疏，年均降水量350～550毫米，属全国严重水土流失区。自2000年实施退耕还林工程以来，全县累计完成退耕还林工程152.4万亩，其中退耕地还林74万亩（新一轮退耕还林0.8万亩）；荒山荒地造林72.8万亩，封山育林5.6万亩。工程建设惠及全县4.19万户17.9万人，占农村总人口的76.20%。彭阳县借助退耕还林工程建设，大力发展林下生态鸡，探索出"合作社+农户+基地"的模式，建立产销一条龙的机制；采取项目扶持、科技支撑、奖励调动、订单收购等措施，完善生态鸡养殖点的水、电、路、护林房、鸡舍和林下生物围栏等基础设施；创立自有品牌"朝那鸡"，并通过"以点带面、辐射发展"的模式，把"朝那鸡"作为农民增收的特色优势产业，列入全县"五大基地"建设之一，提出了朝那鸡"十百千万"发展目标（即建立10个"朝那鸡"农户型孵化点，发展100个小流域林区放养点，培育1000个"朝那鸡"规模养殖户，带动10000个朝那鸡重点养殖户），使"朝那鸡"养殖总量得到了迅速发展，"家家种草，户户养鸡"养殖格局已形成。目前，全县成立生态鸡养殖协会17个，林区生态鸡养殖点已达到50个，每年散养生态鸡100万只，直接经济收入达到4000万元。

（2）中药材和干鲜果品发展成绩突出

2017年，集中连片特困地区监测县在退耕地上种植的中药材和干鲜果品的产量分别为34.4万吨和225.2万吨；与2007年相比，在退耕林地发展的中药材增长了5.97倍，干鲜果品增长了5.54倍（表8-7）。

湖南省永州市宁远县把中药材产业发展与退耕还林相结合，重点发展油用牡丹、丹参、桔梗、黄芪、万寿菊、猪苓等中药材，其中油用牡丹新增2万亩，丹参新增1.5万亩，桔梗新增1万亩，黄芪新增0.2万亩，万寿菊新增0.2万亩，猪苓新增0.1万亩，全区中药材新增5万亩，累计达到17万亩，每户平均种植中药材1.5亩以上。

陕西省安康市汉滨区依托退耕还林工程，建成富硒茶、核桃、木本油料等林产基地128万亩（其中核桃54万亩、茶叶19万亩），建成万亩基地镇17个、强村大户526个，林业综合产值达37.2亿元，农民林业生产人均收入达3852元，占农民人均收入的51.7%。贵州省丹寨县在退耕地上研制开发仿野生石斛，将石斛嫁接在茶树上，使茶叶品质得到很大提高。"茶叶+仿野生石斛"的经营模式使得每亩茶园收入从几百元增加到上万元。

云南省结合退耕还林工程，引导群众发展特色经济林果，发展以核桃、澳洲坚果、花椒、柑橘等树种为主的特色经济林596.9万亩，占总任务的67.8%。同时，指导退耕农户科学开展林粮、林药、林菜间作套种，探索形成了"桤木+草果、澳洲坚果+砂仁、核桃+茶叶、澳洲坚果+咖啡"等一批退耕还林典型技术模式，极大地拓宽了山区群众增收致富渠道。

表8-7　2017年集中连片特困地区退耕林地林业经济发展情况

产品类型	产量	比2007年增幅（倍）	在该区总产量中的比重（%）
竹材（亿根）	1.8	2.46	0.3
中药材（万吨）	34.4	5.97	12.3
干鲜果品（万吨）	225.2	5.54	3.5
林下养殖（亿元）	690.1	5.36	27.4
林下种植（亿元）	434.3	3.37	35.3

（3）森林旅游迅猛发展

2017年集中连片特困地区的监测县的森林旅游人次达4.8亿人次，比2007年增加了4.1亿人次，增加近6倍；比1998年增加了4.7亿人次，增加近47倍。2017年集中连片特困地区监测县的森林旅游收入为3471亿元，是2007年的4倍，是1998年的54倍。

四川省乐山市嘉州绿心公园退耕还林前是一片荒山，自1999年开始退耕还林工程后，森林覆盖率从28%提高到82%，森林景观质量有效提升。目前，绿心公园绿树成荫，湿地湖泊点缀，形成了乐山市的新地标和全域旅游的新名片，吸引越来越多的市民和游客来此休闲观光。此外，四川省乐山市沐川县、峨边彝族自治县通过退耕还林，不断打造森林氧吧，为乐山市建成世界重要旅游目的地提供了绿色保障。

> **专栏4　湖北省保康县陈家河村退耕还林工程助力美丽乡村建设**
>
> 湖北省保康县陈家河村位于城关镇西南部，辖2个村民小组，全村215户，总人口863人，其中农业人口812人，非农业人口51人。全村面积12.665平方千米，耕地面积677.8亩（其中旱地513.8亩，水田164亩），林地面积15500亩。过去，陈家河村的农业经济主要以传统的种植业为主，只能解决农户的温饱问题，全村大部分村民在家以务农为主，仅仅能维持家庭生活。退耕还林工程实施后，陈家河村的农户大力发展林果产业，村集体带领广大农民栽植李子树。2017年成立了陈家河村果木种植专业合作社，注册"观玉垭"商标，新建陈家河村玫瑰李种植基地。李子基地从2015年的30亩，现已扩大规模达380亩，形成了家家户户都种李子树，全村都受益的喜人景象。
>
> 近几年来，陈家河村秉承"生态+旅游"的发展思路，结合温泉旅游资源和温泉小镇区位优势，以打造"生态优先、绿色发展、精致典雅、绿色保康"为发展总目标，利用辖区内封山育林保护与退耕还林工程建设，结合该村地域优势大力发展生态旅游业，形成了远近闻名的省级旅游名村，2014年被表彰为"湖北省宜居村庄示范村"，2015年荣获"湖北省绿色示范乡村"称号，2016年被评为"保康县科普示范村"。在建立李子基地后，结合旅游观光采摘带来的共同效益，使村民们有了新的致富技能，新办星级农家乐25家，奇石根艺5家，群众有了创业致富的门路。

8.2.4 激发了地区经济发展活力

退耕还林工程实施过程中,集中连片特困地区注重通过产权制度改革、大力发展民营经济和后续产业等措施,调动贫困群众发展林业的积极性、主动性、创造性,激发贫困地区发展的内在活力和能力。

(1) 夯实了退耕地持续经营的产权制度基础

退耕还林工程实施过程中,集中连片特困地区结合集体林权制度改革,按照"还林一块,验收一块,登记一块,发证一块"的要求,对退耕林地和林木确权发证,以此保护退耕还林主体享有退耕土地的承包经营权和退耕地上的林木所有权,让退耕还林农户享受国家退耕还林各项政策有了法律凭证,让农户拥有该退耕还林地林(草)地使用权、林木(草)所有权、使用权有了法律文书,让有关林(草)权利人采伐利用、转让、继承林木有了法律依据。有恒产者有恒心,树定权,人定心,经营主体才能对退耕地敢于投入、舍得投入,才能为退耕地可持续经营奠定产权基础。农户监测结果显示,有半数以上的样本农户已经领取了林权证,占总样本农户的55.27%(图8-3)。"有恒产者有恒心"。对退耕地确权发证,明确了农户的承包经营主体地位,为农户对退耕林地长期投入、持续经营,奠定了产权制度基础。

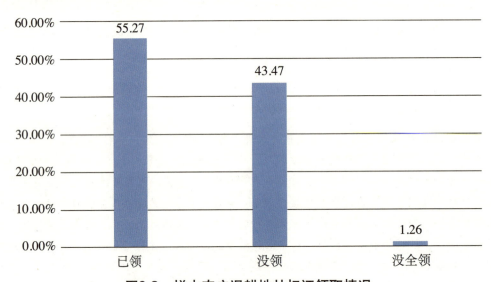

图8-3 样本农户退耕地林权证领取情况

(2) 加快了林业后续产业高质量发展

加快林业科技成果转化、提高农民的林业科技应用能力,推动林业产业由规模扩张增长向高质量发展转变,是保障林业产业高质量发展的关键。新一轮退耕还林工程实施以来,集中连片特困地区以坡耕地改造为主题,以市场需求为导向,以科技应用为支撑,加快建立区域性优势产业,推进退耕还林工程后续产业高质量发展。四川省广元市朝天区利用漆树、椿树幼树幼苗期的林中空地种草养羊、养猪和养兔,在桑树下种植紫花苜蓿,在核桃幼树下空地种植金银花及柴胡等中药材。为提高特色经济林果和林下经济发展质量，该区立足传统产业，强化科技支撑。建立林果科研所，组织业务骨干专业队伍负责全区丰产技术的研究及技术推广应用的指导；开展送资料、开现场会、举办培训班和现场演练等形式多样的送科技下乡活动；坚持村、组建专业队，专业队培训明白人，明白人带动一大片；建科技示范点、示范片，以此带动区域后续产业发展。

为巩固退耕还林工程建设成果，发展后续产业和拓宽贫困村群众致富途径，加快传统种植向特色产业转型，云南省丽江市玉龙县邀请专家对农民开展林下中药材种植技术培训，并深入到田间地头，从药材适宜种植品种选择、田地、选地、造地、土壤处理、科学移栽、病虫害防治等多个方面进行培训，让贫困村群众真正掌握林下中药材种植技术。拉巴支村是玉龙县省级13个贫困村之一，全村共有269户、966人，共282人参加了培训。技术培训促进玉龙县中药材产业向规范化、规模化、产业化方向发展，为产业做大做强提供了技术支撑。截至2017年底，玉龙县林药种植面积已达9.38万亩，成为了"云药之乡"。药材种植成为当地经济的支柱产业。

8.2.5 促进了农户家庭增收致富

增加农民收入是党的农村政策能够顺利贯彻执行的最关键因素。为了切实增加退耕还林农户的收入，从2014年起不再对退耕地上种植经济林的比例进行限制，并鼓励各地因地制宜，发展适合本地区域特色，能够快速增加农民收入的林业产业，这直接增加了退耕农户家庭的林业收入，并逐步建立起以林增收的长效机制。根据国家林业局的综合统计测算，在实施退耕还林前，一亩地的收入大概在三四百块钱，实施退耕还林以后，每亩地的收入增加到2000元以上。

（1）林业生产经营性收入大幅增长

实施退耕还林工程后，农民在坡耕地种植经济林、精品林木，农户家庭收入来源增多，每年除获得退耕还林补助外，还可以通过出售干、鲜果品，获得林业生产经营收入。根据对集中连片特困地区30个特困县的1500个样本农户的跟踪调查，2017年，农户家庭户均林业收入0.51万元，林业收入占家庭总收入的比重为7.44%。从农户家庭林业收入结构来看，林业生产经营性收入、涉林打工收入、财产性收入和转移性收入分别占林业总收入的82.79%、3.13%、0.44%和13.64%。从林业收入结构年度变化来看，2017年林业生产经营性收入比重比2015年提高了5.39个百分点，比2013年提高了21.21个百分点（表8-8），林业生产经营性收入比重持续提高，对农户家庭的经济贡献持续增强。

甘肃省康县以新一轮退耕还林工程的实施为契机，大力发展具有区域特色的核桃、杜仲、七叶树、油用牡丹等特色经济林，努力拓宽林业就业和增收空间，多渠道增加贫困农户的涉林收入，助推林业精准扶贫见实效。康县平洛镇瓦舍村是建档立卡贫困村，

2005年通过退耕还林种植530亩核桃，现在每株可挂果8千克，亩收入可达2000元，贫困户人均增收2200元；碾坝镇梁上村也是建档立卡贫困村，2016年在退耕地上种植1119亩高经济价值的油用牡丹，经过两年生长成熟，产生了巨大的经济效益，梁上村也在产业发展中实现脱贫。

表8-8 监测样本县农户家庭林业收入结构

年份	生产经营性收入(%)	涉林打工收入(%)	财产性收入(%)	转移收入(%)
2013	61.58	13.39	1.46	23.57
2015	77.40	2.47	3.18	16.95
2017	82.79	3.13	0.44	13.64

（2）农民林业收入渠道实现了多元化

农民林业收入渠道多元化是保障农户家庭持续增长的重要方式。集中连片特困地区农民依托退耕还林工程，通过退耕地流转获取流转金、增加财产性收入；通过经营分红增加经营性收入；通过参与公司、合作社的生产经营活动，实现就地就近就业、增加工资性收入。退耕还林工程实施前，贵州省毕节市大方县羊场镇穿岩村人均粮食还不到190千克，人均收入仅206元，是大方县最穷的村。自退耕还林工程启动实施以来，该村退耕还林4432亩，森林覆盖率从16.8%提高到68.52%，增加52.72个百分点，全村开办农家乐20余家，年纯收入100余万元，培育养殖大户30多户，种植大户10多家。现在，穿岩村依托退耕还林工程，进一步调整农业产业结构，年人均收入达到6480元。

陕西省安康市汉滨区瀛湖镇东坡村在新一轮退耕还林工程实施后，组建成立了东兴种植农民专业合作社，利用退耕还林政策发展拐枣产业1389.88亩，使全村297户1058人（其中贫困户92户384人）全部脱贫致富。52岁的贫困户曹某将自己18亩退耕还林土地，以"三变改革"方式入股到合作社，21600元的退耕还林补助归自己所有，每年每亩还能获得30%的效益分红。此外，曹某和他的妻子还在合作社务工，每年领取劳务工资1.5万元。另外，他还是生态护林员，几项算下来每年稳定收入就有3万多元。

山西省隰县采取"公司＋基地＋农户"的运营模式，在退耕地进行林业资产性收益改革试点，鼓励退耕农户以新一轮退耕地经营权和种苗造林补助款入股、以经济林经营权和林木所有权入股。退耕地入股后，退耕农户可以获得"三种"收益：一是保底型收益。退耕地入股，前5年每年每亩100元；经济林入股，每年每亩300元。二是分红型收益。退耕地入股，实施主体和农户前5年7∶3、后5年4∶6分红；经济林入股，实施主体和农户按3∶7分红。三是保障型收益。主要是保障贫困户的稳定收入。如遇亏损年份，实施主体为贫困户的在保底的基础上每亩再加200元，确保贫困户有稳定收益。

(3) 财政补助是家庭收入的重要组成部分

2016年,各地政府共安排72.9万贫困户退耕还林面积414万亩,每亩可得到中央补助资金1500元[①]。退耕还林工程实施以来,有3200万退耕农户从政策补助中户均直接受益9800多元。林业重点工程社会经济效益监测结果表明,各地根据实际落实新一轮退耕补助兑现政策,户均补助4000元左右(表8-9)。这些补助约占退耕农民人均纯收入的10%,西部地区有400多个县高于20%,宁夏、云南一些县达到45%以上。

表8-9 样本农户领取退耕还林工程补助金额情况

年份	领补助的户数(户)	补助金额(万元)	户均补助金额(元/户)
2016	170	124.79	5614.99
2017	117	45.90	3614.07
平均			4614.53

退耕补助足额兑现到位(图8-4)。2016年,湖北竹溪、四川喜德、贵州思南、云南会泽以及甘肃民勤的新一轮退耕样本户按800元的补助标准兑现,辽宁昌图,重庆开县、云阳,贵州清镇,甘肃会宁以及宁夏西吉县的新一轮退耕样本户按500元兑现;湖南溆浦、陕西耀州、甘肃泾川和环县的新一轮退耕农户进入第三年补助期,按300元领取补助;甘肃榆中崖头岭村的10户新一轮退耕样本户是2016年当年退耕,他们均领取的是120元的退耕还草种苗补助。2017年,因补助兑现滞后,2014年退耕的湖北秭归的新一轮退耕样本户开始兑现退耕补助,每亩兑现了1100元,即第一年和第三年的合计;甘肃会宁、贵州思南的新一轮退耕样本户领取了300元的种苗补助。

(4) 退耕还林工程对于退耕农户家庭增收效果逐年显现

退耕还林工程助推农民增收呈现明显地分群体、分阶段的特征。从年度变化来看,相关研究结果显示[②],除去退耕补贴增收作用,退耕前3年退耕农户以林增收结果并不显著,第四年增收效果才开始显现,这可能与农户的收入结构发生转变有关;从增收农户类型来看,对比参与退耕还林农户和非退耕户,退耕还林工程对于退耕农户短期收入增长效果明显。相比非退耕户在5年间人均收入增长幅度仅为191元,参与退耕的农户每年收入平均能够增长334元,效果较为可观,也比较稳定。贵州省林业科学研究院2015年定位监测结

[①] 新一轮退耕还林补助政策为退耕第一年补助800元(其中300元种苗费),第三年补助300元,第五年补助400元。从2017年开始,种苗造林补助费增加100元。自2017年开始,种苗费由300元/亩提高到400元/亩,退耕还林工程中央财政补助资金由1500元/亩相应的提高到1600元/亩。

[②] 《退耕还林助力造血式扶贫 从生态优先到扶贫优先》,中国林业网,2017年11月9日。

果显示[①]，农民年人均纯收入从实施前的1272元提高到8083元，高于全省平均水平。

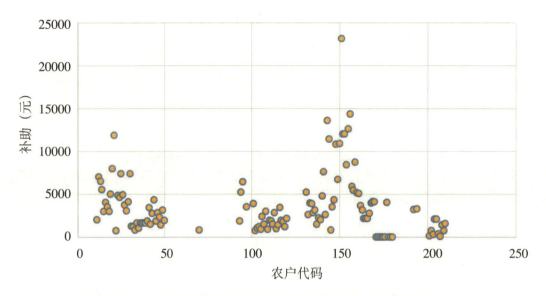

图8-4 2017年样本农户新一轮退耕还林补助兑现情况

> **专栏5 退耕还林还草减轻贫困的原理和途径**
>
> 通过总结30多个国家的经验，世界银行于2018年提出了林业扶贫的五大措施：一是提高林地和劳力的生产力；二是增强社区、农户和妇女的林权；三是加强林区公共服务建设，提高林农发展能力；四是扩大木材和非木材林产品市场；五是建立让林区贫困人口获得生态补偿收益的政策机制。
>
> 退耕还林还草政策发挥扶贫作用的原理是农户通过提供生态环境服务获得生态补偿，即退耕农户通过将陡坡耕地退耕种植林木，提供减轻水土流失、改良土壤等生态环境服务，国家对退耕农户提供退耕补助，补偿农户的退耕损失。农户通过提供森林生态服务获取收益从而减轻贫困，是一种新的林业扶贫方式，其减贫途径包括以下几个方面：
>
> 一是退耕补助直接成为退耕农户的收入来源，对特困户，如留守老人的减贫作用显著；
>
> 二是退耕地的产出如干鲜果品、药材等，不仅增加农户收入，而且多样化退耕农户的收入来源；
>
> 三是退耕还林还草改善农田小气候，提高耕地生产力，间接增加农户收入；
>
> 四是退耕还林还草解放农村劳动力，使更多的退耕农户外出务工，获得劳务收入。

---

① 《贵州办成退耕还林面积向三大连片特困地区倾斜》，新华网，2017年8月20日。

第九章 主要问题

虽然各地高度重视新一轮退耕还林工程，做了大量前期准备和组织协调工作，但总体实施进度依然较慢。政策落实遭遇"肠梗阻"，特别是政策不完善、不稳定，不配套，不协调等制约新一轮退耕还林还草的一些制度性问题，导致工程推进效果不容乐观。

9.1 应退未退耕地仍然比较多

监测结果显示，2017年样本县的25度陡坡耕地、严重沙化和石漠化耕地、重要水源地15～25度坡耕地以及严重污染耕地共有160.96万公顷，占耕地总面积的26.66%；扣除上述可退耕地中的基本农田，可退耕占样本县耕地总面积的12.85%。国家林业重点工程社会经济效益监测结果显示，2017年，46个特困区的样本县耕地面积244.60万公顷，其中，25度陡坡耕地、严重沙化和石漠化耕地、15～25度重要水源地以及严重污染耕地共73.12万公顷，占特困县耕地总面积的29.89%，即特困区应退全退的政策，46个特困县还有70多万公顷耕地可以退耕，其中，25度以上陡坡耕地面积最大，30.87万公顷，占特困县可退耕地的42.05%。扣除上述可退耕地中的基本农田，特困县可退耕面积将减少进一半，为34.85万公顷，占样本县耕地总面积的14.25%（图9-1）。

调查发现，一些地区耕地应退未退的主要原因有：一是受基本农田保有量政策影响，一些省份把不适宜耕种的25度以上陡坡耕地、严重沙化耕地和重要水源地15～25度坡耕地等划为基本农田，导致退耕地难以落实。2017年样本县的25度陡坡耕地、严重沙化和石漠化耕地、15～25度重要水源地以及严重污染耕地共有160.96万公顷，其中基本农田为83.38万亩，占51.80%。按照《基本农田保护条例》，这些陡坡耕地难以纳入退耕范围。陡坡耕地被划为基本农田，且表现较突出的省（直辖市）有8个：陕西，陡坡耕地中基本农田占81.4%；山西，占75.3%；贵州，占75.2%；云南，占70.2%；湖北，占58.6%；重庆，占57.4%；四川，占44.6%；甘肃，占37.8%。甘肃省当前有1000多万亩农业生产条件差、粮食产量低而不稳的适宜退耕还林耕地，没有"退"出来，这些耕地大部分分布于全省贫困地区。二是基本农田核减政策执行不到位。2017年国务院批准核减了3700万亩陡坡耕地基本农田，但一些地方至今尚未将扩规数据落实到地块，也未对应予核减的永久基本农田和耕地保有量指标予以核销。耕地保护与退耕还林还草政策不协同，该退的退不下来，想退的退不了，严重阻碍新一轮退耕还林还草工作顺利推进和年度任务的按期完成。三是非基本农田的认定问题。我国明确规定了陡坡耕地中非基本农田的认定需要核对土地利用现状图和规划图，而现状图只能区分耕地坡度级，规划图只能了解基本农田保护区，只有二者结合才能确定退耕地块；同时现状图呈现的是利用现状，规划图反映的是远景规划，有些地块目前是非基本农田，但三五年后却又被划为基本农田。四是新一轮退耕还林还草要求耕地数据必须与国土二调成果完全契合。一些地方在落实任务时发现，二调成果与实地情况有差异，图上显示的可退耕地实地找不到或者面积不符，实地调查可退耕地在图上显示为非耕地类。一些地方严重污染耕地底数不清，严重污染耕地退耕还林还草的目标任务难以具体落实。

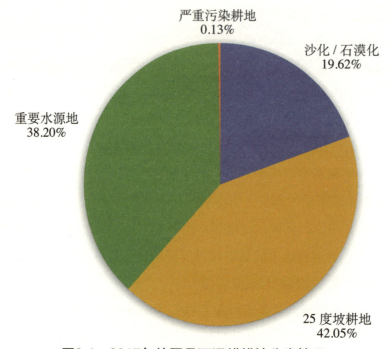

图9-1　2017年特困县可退耕耕地分类情况

> **专栏1　弃耕抛荒**
> **——大学生退耕问卷调查报告节选**
>
> 　　在贵州省盘县，25度以上陡坡耕地达95.5万亩，但可退耕地只有34.9万亩，零星地分布在陡坡崖畔。这些坡耕地坡高路陡，土地瘠薄，加之基本农田分布零散，农民只能选择撂荒，农田其实并非真正的农田。云南省昭通市农村人口450万人，撂荒土地约100万亩，其中85%是基本农田。据自然资源部《西部大开发土地资源调查评价》显示，西部地区15度以上不宜耕种的坡耕地粮食平均亩产只有111.5千克。全国6471万亩陡坡耕地及梯田的粮食总产量不到全国粮食总产量的1.2%。这些坡耕地与撂荒，倒不如纳入政策允许的退耕地，全部退耕还林。
> 　　大学生调查结果显示，样本农户退耕地中有42.94%是陡坡耕地，按照国家退耕还林还草政策的规定，这部分耕地应该纳入退耕地当中。8.75%的农户表示家里有弃耕抛荒的土地，弃耕抛荒地面积大约是在0.5亩到2亩之间，39.54%的农户认为所在村有弃耕抛荒的土地。在有弃耕抛荒地的村镇中，弃耕抛荒的土地平均占村里耕地的18.66%。

> **专栏2　弃耕抛荒**
> **——大学生退耕问卷调查报告节选**
>
> 　　麻地湾村参加移民搬迁的农户较多，原有的耕地距离现在居住地较远，回去管护的成本过高，因此大面积的耕地及坡地均被弃荒，据有关农户说，他们原来居住的山沟已完全搬迁，整条沟及周围山坡都已经荒芜，而现在在新居住地想种地种树却无地可种，是劳动力的一种浪费；贺家社区由于经济条件较好，农户赚钱渠道较多，则对农林业缺乏应有的重视，弃荒土地占全村耕地面积高达60%，坡地基本全部弃荒，平地现在弃荒的人也越来越多。
>
> 　　　　　　　　　　　　　　　　　　　　　　　　　　　　　（陕西省）

9.2 一些地方实施新一轮退耕还林工程的积极性下降

　　调查发现，与上一轮退耕还林工程相比，工程实施给农民带来的实际利益有所下降，一些地方实施新一轮退耕还林工程的积极性有所下降。其原因在于：一是补助年限短、标准低，农户对补助政策不满意。新一轮退耕还林中央每亩补助1600元，5年内分三次下达。补助年限相比前一轮退耕的生态林缩短了11年，补助标准大幅度降低。各地发展速生丰产用材林、经济林等林业产业基地，5年内投入一般不低于3000元/亩，国家补助只相当于投入的一半左右。河北省张北县和易县的调查结果显示，有54.3%的样本农户对第一轮补贴金额表示"比较满意"或"非常满意"，对于第二轮补贴金额表示"比较满意"或"非常满意"的农户之和仅占18.1%，超过半数的农户对第二轮补贴金额"比较不满意"或"非常不满意"[①]。二是林业收入增长速度放缓，增收能力下降。与家庭其他类收入相

[①]《基于农户意愿的退耕还林后续补偿问题研究——以河北省为例》，张璇。

比，林业收入的增幅明显过低，增长速度落后于其他收入来源。2009—2016年，家庭其他生产经营收入增加了196.61%，年均增长16.80%；其他收入（主要来自林农的外出务工或者其他类经营收入）增加了281.07%，年均增长21.06%，均远远高于林业收入增速。三是强林惠农政策少。此外，在一些地方，实施新一轮退耕还林工程时，地方政府强制推行政策，忽视农户的意愿。部分地区，推出多少、种什么完全由当地政府说了算，农民没有选择空间，单纯为了完成任务领取退耕补贴，从而造成苗木浪费，政策效果欠佳。

9.3 退耕还林工程成果巩固的长效机制尚未建立

主要体现在：一是退耕地碎片化问题比较突出，不利于规模化经营。监测结果显示，由于基本农田保护政策，可退耕地非常零散，基本农田与退耕地"插花"分布，造成农户经营的退耕地呈现破碎化。截至2017年，样本农户户均退耕14.03亩，其中，面积最小的0.1亩，最大的180亩（图9-2）。在云南省红河县符合条件的退耕地有1万多块，多数地块面积不足5亩；双江县符合退耕条件的1亩以下的作业小班有600个。由于退耕地零星分布，不能按照流域和区域进行流域综合治理，不仅达不到退耕还林恢复生态的初衷，水土保持能力也会大打折扣，规模化产业发展备受制约，进而影响农民增收致富的热情和区域经济社会发展的增速。二是经济林组织化、规模化、专业化、产业化程度很低，后续经济产出堪忧。新一轮退耕还林中，以大户、公司或农民合作社形式经营的不到1/3，退耕农户一家一户分散经营，疏于管理，经济林品质比较差，市场风险承担能力弱。三是新一轮退耕还林补助周期短，补助政策即将全面到期。虽然目前符合条件的退耕还生态林已可以纳入森林生态效益补偿范围，但补偿标准低，退耕农户的收入有所下降。特别是一些生态区位重要的高寒贫困山区没有适合的经济林树种，难以发展经济林，补助政策到期对这些地区的农户收入影响更大。

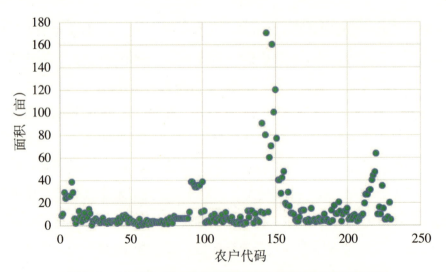

图9-2 2017年新一轮退耕监测户退耕还林还草面积

9.4 工程到期后农户以林增收能力堪忧

2017年,国家林业重点工程社会经济效益监测的样本县累计退耕地还林108.61万公顷,其中,补助到期面积32.08万公顷,占29.54%。入户调查结果显示,样本农户中有41.35%已经全部到期并停止补助;24.38%的农户是部分到期,还有补助。调研发现,在自然生态环境恶劣的地区,退耕还林的面积比较大,涉及农户数量较多,涉及退耕农民贫困程度深,而且这类地区经济林往往难以成活,只能种生态林;同时当地恶劣的自然环境制约了林下经济的发展,难以发展退耕还林后续产业,退耕还林农户很难获得其他的经济收入来源,对耕地和政策补助的依赖性仍然较强。退耕还林政策补助到期后,退耕农户生计会受到不同程度影响,退耕还林工程成果巩固基础不牢,因退耕还林工程实施到期,这些农户返贫复耕的问题急需得到关注解决。

自1999年10月实施退耕还林工程试点以来,四川省雅安市石棉县累计完成坡耕地退耕还林10.3万亩、荒山荒坡造林12.3万亩,工程建设覆盖全县16个乡镇,涉及473个村民小组、22338户退耕农户78200人。退耕还林10.3万亩中,生态林为10.19万亩,经济林为0.11万亩,分别占退耕还林总面积的98.93%和1.07%。退耕还林工程实施后,退耕农户从退耕地上获得的收入还未得到充分体现,特别是选用杉木、桤木等生态树种造林的,因其生长周期较长,加之受干旱、干热河谷气候影响,生长慢,见效慢,短时间内还不能从退耕地上获得直接的经济收入。部分农户表示,在退耕还林补助到期后,很有可能复耕或间种高秆作物。

第十章
对策建议

林业在脱贫攻坚中具有天然优势和巨大潜力。完善退耕还林还草补贴政策，适当提高补助标准，延长补助年限，助力脱贫攻坚，巩固好生态建设成果。

10.1 尽快扩大新一轮退耕还林还草规模

在充分调查并解决好当地群众生计的基础上，由自然资源部门会同林草业、农业等有关部门，结合"国土三调"，在全国开展摸底调查，排查可退耕地，制定陡坡耕地土地属性的调整方案，按照法定程序，逐步将划入陡坡耕地中的基本农田调整为非基本农田，对按照现行政策已经退耕还林的地块和下一步扩大退耕还林地块，在任务完成并经国家有关部门验收合格后，相应核减耕地保有量和基本农田保护面积；根据我国撂荒耕地的扩大趋势，选择部分撂荒面积大且立地条件好的省份开展撂荒耕地退耕还林试点，从根本上消除制约实施新一轮退耕还林的制度障碍。

10.2 建立巩固成果长效机制

制定前一轮退耕还林政策补助到期后的续接政策，延长新一轮退耕还林补助年限，提高补助标准。对已补助到期的退耕农户，抓紧落实与管护相挂钩的20元生活费补助兑现；将已到期的退耕地尽快纳入中央和地方森林生态效益补偿基金，并明确将其作为稳定、长期的退耕还林补助政策；建立退耕还林防灾基金或将退耕还林地纳入地方政策性林业保险体系中。对比农业补贴，根据种植的树种增加后续林业产业补助补贴。取消全国统一的退耕还林还草补助标准，根据实际成本的一定比例补贴造林和抚育，并提高贫困地区的补助比例，提高补助资金的使用效率。创新补助标准，如退耕还林政策中可以根据连片退耕面积设置梯度补助标准，进而鼓励分散的农户协调统一退耕还林，减少细碎化问题，同时根据面积简化核查程序。优化林地承包经营政策，按照土地集体所有权、农户土地承包权和经营权"三权分置"的原则，采取租赁承包、互调互换、土地入股和机动地补偿等方式，解决退耕用地问题，鼓励和引导企业、大户等工商资本合理流转造林土地。

10.3 坚持发展产业带动，鼓励规模经营

以林业特色经济林产业、森林旅游康养等林业产业为抓手，推动实施有经济收益的退耕还林还草工程，培育以大户、林业合作组织、村集体、企业等为主的林业经营主体，完善利益联结机制，通过土地入股（农户）、资金和技术入股（公司/大户）、收入保底、农户管护、采摘果实获取劳务收入等方式，创新合作经营模式和利益分享模式，做大做精特色经济林产品加工和森林旅游景区建设，带动退耕还林规模不断扩大，森林资源质量有效提升。同时，强化林业科技支撑，提高主要造林树种、名优经济林的良种使用率，加强种子执法和苗木检验检疫工作，确保种苗质量。加大科技研发力度，推动林业高质量发展。

10.4 增强退耕农户的自我发展能力

目前，中央财政支持农林业产业发展的政策和资金渠道较多。按照党中央、国务院有关要求，资金审批权限都已下放地方，由地方统筹整合用于发展特色优势产业。国家针对农林业也出台了一系列税收优惠政策。《新一轮退耕还林还草总体方案》规定，新一轮退耕还林坚持尊重规律，因地制宜，宜乔则乔、宜灌则灌、宜草则草，有条件的可实行林草结合，不再限定还生态林与经济林的比例，鼓励发展退耕还林后续产业；在不破坏植被、造成新的水土流失前提下，允许退耕还林农民间种豆类等矮秆作物，发展林下经济，以耕促抚、以耕促管；在专款专用的前提下，统筹安排中央财政专项扶贫资金、易地扶贫搬迁投资、现代农业生产发展资金、农业综合开发资金等，用于退耕后调整农业产业结构、发展特色产业、增加退耕户收入，巩固退耕还林还草成果。各地可充分利用相关支持政策，结合本地实际，编制好退耕地区特色产业发展规划，统筹整合中央相关补助资金和自有财力，支持退耕农户发展后续产业，促进退耕农民就业和增收，进一步巩固退耕还林成果。

10.5 加强部门之间沟通协调

财政、发展改革、林草业、自然资源、农业、水利、环境保护、扶贫等相关部门应密切配合，完善联席会议制度，积极沟通，妥善解决影响退耕还林还草进度的突出问题，

确保各项工作顺利开展。进一步将退耕还林还草与农业结构调整、高标准口粮田建设、避险搬迁、土地整治、坡耕地水土流失治理等工作有机结合起来，采取积极措施，有效解决退耕农户的长远生计，切实巩固退耕还林还草成果。严格遵守《中华人民共和国土地管理法》《基本农田保护条例》等法律法规，优先划定永久基本农田后，加快落实调减陡坡耕地中的基本农田政策，调减下来的基本农田必须用于退耕还林还草。

附录Ⅱ：监测指标体系

附件1 集中连片特困区退耕还林社会经济效益调查表

县名：　　　省　　　县　　　填表人姓名：　　　填表人联系电话：

指标名称	计量单位	代码	2017
第一部分：基本情况			
1. 行政区土地面积	平方千米	TG01	
2. 耕地面积	公顷	TG02	
其中：(1) 25度以上坡耕地面积	公顷	TG03	
(2) 严重沙化耕地	公顷	TG04	
(3) 重要水源地15~25度坡耕地	公顷	TG05	
3. 林业用地面积	公顷	TG06	
4. 牧草地面积	公顷	TG07	
5. 农户数	户	TG08	
其中：(1) 建档立卡贫困户	户	TG09	
(2) 自退耕工程实施以来累计参与退耕户数	户	TG10	
①前一轮退耕参与农户数	户	TG11	
其中：建档立卡贫困户	户	TG12	
②新一轮退耕参与农户数	户	TG13	
其中：建档立卡贫困户	户	TG14	
6. 年末总人口	万人	TG15	
其中：乡村总人口	万人	TG16	
7. 年末乡村从业人员数	万人	TG17	
其中：(1) 外出务工	万人	TG18	
(2) 农林牧渔业人员	万人	TG19	
8. 地区生产总值	万元	TG20	
其中：(1) 第一产业	万元	TG21	
(2) 第二产业	万元	TG22	
(3) 第三产业	万元	TG23	

(续)

指标名称	计量单位	代码	2017
9. 农林牧渔业总产值	万元	TG24	
其中：(1) 农业	万元	TG25	
(2) 林业	万元	TG26	
(3) 畜牧业	万元	TG27	
(4) 渔业	万元	TG28	
(5) 农林牧渔服务业	万元	TG29	
10. 农作物总播种面积	公顷	TG30	
其中：粮食播种面积	公顷	TG31	
11. 粮食总产量	万吨	TG32	
12. 农村居民人均可支配收入	元/(人·年)	TG33	
第二部分：退耕还林工程实施和政策执行情况			
1. 前一轮退耕还林工程开始年份	年	TG34	
2. 累计前一轮退耕还林面积	公顷	TG35	
其中：(1) 还林面积	公顷	TG36	
其中：①生态林面积	公顷	TG37	
②经济林面积	公顷	TG38	
(2) 还草面积	公顷	TG39	
3. 累计新一轮退耕还林还草面积	公顷	TG40	
其中：25度以上陡坡耕地	公顷	TG41	
严重沙化耕地	公顷	TG42	
重要水源地15～25度非基本农田坡耕地	公顷	TG43	
其中：还林面积	公顷	TG44	
其中：生态林面积	公顷	TG45	
经济林面积	公顷	TG46	
还草面积	公顷	TG47	
4. 前一轮退耕还林累计到位资金	万元	TG48	
其中：中央	万元	TG49	
其中：补助资金（粮食补助+生活费补助）	万元	TG50	
5. 新一轮退耕还林累计到位	万元	TG51	

(续)

指标名称	计量单位	代码	2017
其中：中央	万元	TG52	
其中：①补助现金	万元	TG53	
②造林补助	万元	TG54	
第三部分：森林资源与林业生产情况			
1. 农作物受灾面积	公顷	TG55	
其中：(1) 旱灾	公顷	TG56	
(2) 洪涝灾	公顷	TG57	
(3) 其他灾害 (请注明)	公顷	TG58	
2. 森林面积	公顷	TG59	
其中：(1) 按起源：	公顷	TG60	
其中：①天然林	公顷	TG61	
②人工林	公顷	TG62	
(2) 按功能：公益林 (国家公益林+地方公益林)	公顷	TG63	
其中：①国家公益林	公顷	TG64	
其中：退耕地纳入面积	公顷	TG65	
②地方公益林	公顷	TG66	
其中：退耕地纳入面积	公顷	TG67	
3. 森林蓄积	万立方米	TG68	
其中：(1) 天然林	万立方米	TG69	
(2) 人工林	万立方米	TG70	
4. 集体林业用地面积	公顷	TG71	
其中：(1) 集体经营	公顷	TG72	
(2) 农户家庭承包经营	公顷	TG73	
(3) 其他	公顷	TG74	
5. 集体林改面积	公顷	TG75	
6. 木材产量	立方米	TG76	
7. 竹材	万根	TG77	
其中：退耕还林产量	万根	TG78	
8. 中药材	吨	TG79	

(续)

指标名称	计量单位	代码	2017
其中：退耕还林产量	吨	TG80	
9. 干鲜果品	吨	TG81	
其中：退耕还林产量	吨	TG82	
10. 林下养殖	万元	TG83	
其中：退耕还林产值	万元	TG84	
11. 林下种植	万元	TG85	
其中：退耕还林产值	万元	TG86	
12. 锯材	立方米	TG87	
13. 人造板	立方米	TG88	
14. 森林旅游收入	万元	TG89	
其中：森林旅游门票收入	万元	TG90	
15. 森林旅游人次	人次	TG91	

注：填写指标数据时请注意计量单位及关联指标之间逻辑关系，指标定义请参阅指标解释。如果您对指标有疑义或对指标体系有任何意见（建议），请与我们联系。

附件2 退耕还林工程县级调查表

县名称：　　　　　　　　　　　　　　　　　　　　　　　批准机关：国家统计局
县代码：　　　　　　　　　　　　　　　　　　　　　　　批准文号：国统制〔2016〕175号

指标名称	计量单位	代码	2017
第一部分：基本情况			
一、土地资源			
1. 行政区土地面积	平方千米	GC001	
2. 耕地总面积	公顷	GC002	
其中：(1) 25度以上坡耕地面积	公顷	GC003	
其中：非基本农田面积	公顷	GC004	
(2) 严重沙化耕地	公顷	GC005	
(3) 重要水源地15～25度坡耕地	公顷	GC006	
其中：非基本农田面积	公顷	GC007	
(4) 严重污染耕地	公顷	GC008	
其中：非基本农田面积	公顷	GC009	

(续)

指标名称	计量单位	代码	2017
3. 林业用地面积	公顷	GC010	
4. 牧草地面积	户	GC011	
二、人口、就业和社会服务			
1. 年末常住户数	户	GC012	
其中：农村常住户数	万人	GC013	
2. 自退耕工程实施以来累计参与退耕户数	万人	GC014	
其中：(1) 2014年新一轮退耕参与农户数	万人	GC015	
(2) 2015年新一轮退耕参与农户数	万人	GC016	
(3) 2016年新一轮退耕参与农户数	万人	GC017	
(4) 2017年新一轮退耕参与农户数	万人	GC018	
3. 年末累计建档立卡贫困户	万人	GC019	
其中：(1) 前一轮退耕户中建档立卡贫困户数	万人	GC020	
(2) 2014年参与新一轮退耕的建档立卡贫困户数	万人	GC021	
(3) 2015年参与新一轮退耕的建档立卡贫困户数	万人	GC022	
(4) 2016年参与新一轮退耕的建档立卡贫困户数	万人	GC023	
(5) 2017年参与新一轮退耕的建档立卡贫困户数	万人	GC024	
4. 年末常住人口	万人	GC025	
5. 户籍人口	万人	GC026	
其中：农村户籍人口	万人	GC027	
6. 年末乡村从业人员数	万人	GC028	
其中：(1) 外出务工人数	万人	GC029	
(2) 农林牧渔业人员	万人	GC030	
7. 参加城乡居民基本医疗保险参保人数	万人	GC031	
其中：农村居民参保人数（新农合）	万人	GC032	
8. 参加城乡居民社会养老保险参保人数	万人	GC033	
其中：农村居民参保人数（新农保）	万人	GC034	
9. 农村居民最低生活保障人数	万人	GC035	
三、地方经济指标			
1. 地区生产总值（gc036=gc037+gc038+gc039）	万元	GC036	
其中：(1) 第一产业	万元	GC037	

(续)

指标名称	计量单位	代码	2017
（2）第二产业	万元	GC038	
（3）第三产业	万元	GC039	
2. 地方财政收入	万元	GC040	
3. 地方财政支出	万元	GC041	
4. 农业支持保护补贴	万元	GC042	
其中：（1）粮食适度规模经营	万元	GC043	
（2）耕地地力保护补贴	万元	GC044	
5. 农业保险保险费补贴	万元	GC045	
6. 森林生态效益补偿资金	万元	GC046	
7. 森林保险财政补贴	万元	GC047	
8. 森林抚育补贴	万元	GC048	
9. 农林牧渔业总产值（gc049=gc050+gc051+gc052+gc053+gc054）	万元	GC049	
其中：（1）农业	万元	GC050	
（2）林业	万元	GC051	
（3）畜牧业	万元	GC052	
（4）渔业	万元	GC053	
（5）农林牧渔服务业	万元	GC054	
10. 农作物总播种面积	公顷	GC055	
其中：粮食播种面积	公顷	GC056	
11. 有效灌溉面积	公顷	GC057	
12. 化肥施用量	万吨	GC058	
13. 粮食总产量	万吨	GC059	
14. 年末大小牲畜存拦头数（包括马、牛等大牲畜和羊、猪等小牲畜）	头	GC060	
其中：羊	头	GC061	
15. 城镇居民年人均可支配收入	元/(人·年)	GC062	
16. 农村居民人均可支配收入	元/(人·年)	GC063	
第二部分：工程实施和政策执行情况			
一、退耕还林还草工程执行进展			
1. 前一轮退耕还林工程开始年份	年	GC064	

(续)

指标名称	计量单位	代码	2017
2. 巩固退耕还林工程开始年份	年	GC065	
3. 巩固退耕还林工程终止年份	年	GC066	
4. 是否有新一轮退耕还林还草工程任务	是&否	GC067	
5. 开展新一轮退耕还林还草工程年份 (有任务的年份选1, 无任务选2)		GC068	
2014年		GC069	
2015年		GC070	
2016年		GC071	
2017年		GC072	
6. 累计实际完成新一轮退耕还林还草面积 (GC073=GC074+GC075+GC078+GC077)	公顷	GC073	
(1) 其中: 25度以上陡坡耕地	公顷	GC074	
严重沙化耕地	公顷	GC075	
重要水源地15～25度非基本农田坡耕地	公顷	GC076	
严重污染耕地	公顷	GC077	
(2) 其中: 还林面积	公顷	GC078	
生态林面积	公顷	GC079	
经济林面积	公顷	GC080	
还草面积	公顷	GC081	
(3) 其中: 2014年实际完成新一轮退耕还林还草面积	公顷	GC082	
2015年实际完成新一轮退耕还林还草面积	公顷	GC083	
2016年实际完成新一轮退耕还林还草面积	公顷	GC084	
2017年实际完成新一轮退耕还林还草面积	公顷	GC085	
(4) 已落实到县级土地利用现状图的面积	公顷	GC086	
7. 新一轮退耕还林还草2017年任务计划完成面积	亩	GC087	
其中: (1) 退耕地还林	亩	GC088	
(2) 退耕地还草	亩	GC089	
(3) 荒造	亩	GC090	
8. 新一轮退耕还林还草2017年任务当年实际完成面积	亩	GC091	
其中: (1) 退耕地还林	亩	GC092	

(续)

指标名称	计量单位	代码	2017
①生态林	亩	GC093	
②经济林	亩	GC094	
(2) 退耕地还草	亩	GC095	
(3) 荒造	亩	GC096	
9. 年末累计参加新一轮退耕还林的乡镇数	个	GC097	
其中：当年参加新一轮退耕的乡镇数	个	GC098	
10. 年末累计参加新一轮退耕还林的行政村数	个	GC099	
其中：当年参加新一轮退耕的行政村数	个	GC100	
二、工程到位资金和兑现情况			
1. 当年退耕还林计划到位资金	万元	GC101	
其中：(1) 中央	万元	GC102	
(2) 地方	万元	GC103	
2. 当年退耕还林实际到位资金	万元	GC104	
其中：(1) 中央	万元	GC105	
①现金补助	万元	GC106	
②生活费补助	万元	GC107	
③种苗费	万元	GC108	
④封育	万元	GC109	
(2) 地方	万元	GC110	
3. 巩固退耕还林成果投资实际到位资金	万元	GC111	
其中：(1) 中央	万元	GC112	
(2) 地方	万元	GC113	
4. 新一轮退耕还林实际到位资金	万元	GC114	
其中：(1) 中央	万元	GC115	
其中：①现金补助	万元	GC116	
②种苗造林费	万元	GC117	
(2) 地方	万元	GC118	
5. 新一轮退耕还林2017年任务资金实际到位	万元	GC119	
其中：(1) 中央	万元	GC120	

(续)

指标名称	计量单位	代码	2017
其中：①现金补助	万元	GC121	
②种苗造林费	万元	GC122	
(2) 地方	万元	GC123	
6. 年末实有享受原有补助的退耕地还林面积	公顷	GC124	
享受原有补助的补助现金兑现额 (粮食折资)	万元	GC125	
享受原有补助的生活费补助兑现额	万元	GC126	
7. 年末实有享受延长期补助的退耕地还林面积	公顷	GC127	
享受延长期补助的补助现金兑现额	万元	GC128	
享受延长期补助的生活费补助兑现额	万元	GC129	
8. 年末实有补助期满的退耕地还林面积	公顷	GC130	
9. 年末实有已领取退耕地林权证的土地面积	公顷	GC131	
10. 年末享有抚育补贴的退耕林地面积	公顷	GC132	
第三部分：生态、森林资源与林业生产情况			
一、生态改善			
1. 水土流失面积	公顷	GC133	
2. 水土流失治理面积	公顷	GC134	
3. 沙化土地面积	公顷	GC135	
4. 沙化土地治理面积	公顷	GC136	
5. 农作物受灾面积	公顷	GC137	
其中：(1) 旱灾	公顷	GC138	
(2) 洪涝灾	公顷	GC139	
(3) 其他灾害 (请注明)	公顷	GC140	
二、气候变化			
1. 年均降水量	毫米	GC141	
2. 年均气温	度	GC142	
3. 扬沙次数	次	GC143	
4. 扬沙日数	日	GC144	
三、森林资源			
1. 森林面积	公顷	GC145	

(续)

指标名称	计量单位	代码	2017
其中：(1) 按起源：	公顷	GC146	
天然林	公顷	GC147	
人工林	公顷	GC148	
(2) 按功能：公益林	公顷	GC149	
①国家公益林	公顷	GC150	
其中：退耕地纳入面积	公顷	GC151	
②地方公益林	公顷	GC152	
其中：退耕地纳入面积	公顷	GC153	
(3) 竹林面积	公顷	GC154	
2. 疏林地面积	公顷	GC155	
3. 灌木林地面积	公顷	GC156	
其中：国家特别规定的灌木林地	公顷	GC157	
4. 宜林地面积	公顷	GC158	
5. 森林蓄积	万立方米	GC159	
其中：(1) 天然林	万立方米	GC160	
(2) 人工林	万立方米	GC161	
6. 集体林业用地面积	公顷	GC162	
其中：(1) 集体经营（确定是否有数）	公顷	GC163	
(2) 农户家庭承包经营	公顷	GC164	
(3) 其他	公顷	GC165	
7. 集体林改面积	公顷	GC166	
四、林业生产情况			
1. 造林面积	公顷	GC167	
其中：(1) 人工造林	公顷	GC168	
(2) 飞播造林	公顷	GC169	
2. 年末实有封山 (沙) 育林面积	公顷	GC170	
其中：当年新封	公顷	GC171	
3. 中幼林抚育面积	公顷	GC172	
4. 低效林改造面积	公顷	GC173	

(续)

指标名称	计量单位	代码	2017
5. 木材	立方米	GC174	
6. 竹材	万根	GC175	
7. 中药材	吨	GC176	
8. 干鲜果品	吨	GC177	
9. 锯材	立方米	GC178	
10. 人造板	立方米	GC179	
11. 森林旅游收入	万元	GC180	
其中：森林旅游门票收入	万元	GC181	
12. 森林旅游人次	人次	GC182	

注：填写指标数据时请注意计量单位及关联指标之间逻辑关系，指标定义请参阅指标解释。如果您对指标有疑义或对指标体系有任何意见（建议），请与我们联系。

附件3 退耕还林工程村级（对照）调查表

村名：　　　　　　　　　　　　　　　　表　　号：B1-1表
村代码：　　　　　　　　　　　　　　　制定机关：国家林业局
被调查人姓名：　　　　　　　　　　　　批准机关：国家统计局
被调查人职务：　　　　　　　　　　　　批准文号：国统制〔2016〕175号
联系电话：　　　　　　　　　　　　　　有效期至：2018年12月

指标名称	计量单位	代码	2017
第一部分：基本情况			
一、人口			
1. 年末总户数	户	GV001	
其中：(1) 以农为主的户数	户	GV002	
(2) 累计举家外迁的户数	户	GV003	
其中：2017年举家外迁户数	户	GV004	
(3) 建档立卡贫困户数	户	GV005	
(4) 低保户			
2. 自退耕工程实施以来累计参与退耕还林户数	户	GV006	
其中：(1) 参加新一轮退耕还林的农户数	户	GV007	
其中：建档立卡贫困户	户	GV008	
(2) 2017年参加新一轮退耕还林的农户数	户	GV009	

(续)

指标名称	计量单位	代码	2017
(3) 参加退耕还林巩固成果专项建设户数	户	GV010	
(4) 已复耕户数	户	GV011	
(5) 退耕补助到期后有困难的户数	户	GV012	
3. 年末户籍人口	人	GV013	
4. 常住人口	人	GV014	
其中：(1) 建档立卡贫困人口数	人	GV015	
(2) 返乡人口数	人	GV016	
5. 劳动力总数	人	GV017	
(1) 按性别分：		GV018	
其中：①男性	人	GV019	
②女性	人	GV020	
(2) 按受教育程度分：			
其中：①大专以上	人	GV021	
②高中	人	GV022	
③初中	人	GV023	
④小学及小学以下	人	GV024	
(3) 按就业行业分：			
其中：①农林牧渔业劳动力	人	GV025	
②工业	人	GV026	
③建筑业	人	GV027	
④服务业	人	GV028	
⑤闲置劳动力 (300日/人)	人	GV029	
6. 外出务工人数	人	GV030	
(1) 其中：①男性	人	GV031	
②女性	人	GV032	
(2) 其中：①出村县内	人	GV034	
②出县省内	人	GV035	
③出省	人	GV036	
(3) 其中：①常年	人	GV037	

(续)

指标名称	计量单位	代码	2017
②季节	人	GV038	
(4) 其中：已返乡并无继续外出务工意愿的农民数量	人	GV039	
其中：女性	人	GV040	
7. 农民人均可支配收入	元	GV041	
二、土地资源			
1. 土地总面积	亩	GV042	
2. 耕地面积	亩	GV043	
其中：(1) 按耕地自然属性分：			
其中：①旱地	亩	GV044	
其中：可灌溉面积	亩	GV045	
②水田	亩	GV046	
(2) 按坡度分：			
其中：① 25度以上陡坡耕地面积	亩	GV047	
其中：非基本农田	亩	GV048	
② 15~25度斜坡耕地面积	亩	GV049	
其中：非基本农田	亩	GV050	
③ 15度以下缓坡耕地及平地面积	亩	GV051	
(3) 按耕地经营形式分：			
其中：①村集体经营（含机动地）	亩	GV052	
②农户家庭承包经营	亩	GV053	
③合伙承包经营	亩	GV054	
④其他经营	亩	GV055	
(4) 按耕地变化分：			
其中：① 年内增加耕地	亩	GV056	
其中：新开荒耕地	亩	GV057	
② 年内减少耕地	亩	GV058	
其中：国家建设占用	亩	GV059	
村集体建设占用	亩	GV060	
新建房屋占用	亩	GV061	

(续)

指标名称	计量单位	代码	2017
年内弃耕面积	亩	GV062	
3. 林业用地面积	亩	GV063	
其中：(1) 有林地面积	亩	GV064	
其中：①村集体经营	亩	GV065	
②农户家庭承包经营	亩	GV066	
③合伙承包经营	亩	GV067	
④由村集体直接承包给单位或非本村农户	亩	GV068	
⑤其他经营	亩	GV069	
(2) 需抚育面积	亩	GV070	
(3) 集体林改面积	亩	GV071	
(4) 累计总退耕还林地面积	亩	GV070	
其中：①生态林	亩	GV071	
②经济林	亩	GV072	
③宜林荒山荒地面积	亩	GV073	
4. 园地面积（指非林业用地中的茶、桑、果园面积）	亩	GV074	
5. 草牧场面积	亩	GV075	
其中：沙化和退化牧草场面积	亩	GV076	
6. 水面面积	亩	GV077	
第二部分：退耕还林建设情况			
一、前一轮退耕营造林建设			
1. 前一轮退耕还林工程累计退耕地还林面积	亩	GV079	
其中：25度以上坡耕地	亩	GV080	
2. 累计退耕配套荒山荒地造林面积	亩	GV082	
3. 累计禁牧面积	亩	GV083	
4. 累计封山育林面积	亩	GV084	
5. 年末已复耕面积	亩	GV085	
二、新一轮退耕还林建设情况			
1. 累计新一轮退耕地还林还草面积	亩	GV086	
其中：(1) 还林面积	亩	GV087	

(续)

指标名称	计量单位	代码	2017
其中：①25度以上非基本农田坡耕地	亩	GV087	
②严重沙化耕地	亩	GV088	
③重要水源地15~25度非基本农田坡耕地	亩	GV089	
④严重污染耕地	亩	GV090	
其中：已流转面积	亩	GV091	
大户/合作社承包面积	亩	GV092	
(2) 还草面积	亩	GV093	
2. 2017年新一轮退耕还林还草面积	亩	GV094	
其中：(1) 还林面积	亩	GV095	
其中：①25度以上非基本农田坡耕地	亩	GV096	
②严重沙化耕地	亩	GV097	
③重要水源地15~25度非基本农田坡耕地	亩	GV098	
④严重污染耕地	亩	GV099	
其中：已流转面积	亩	GV100	
大户/合作社承包面积	亩	GV101	
(2) 还草面积	亩	GV102	
3. 承包经营新一轮退耕还林的大户数	户	GV103	
4. 承包经营新一轮退耕还林的合作社数	个	GV104	
第三部分：工程实施区社会经济状况			
一、农牧业生产			
1. 农作物总播种面积	亩	GV105	
其中：粮食播种面积	亩	GV106	
2. 粮食总产量	吨	GV107	
3. 粮食单产	千克/亩	GV108	
4. 年末大小牲畜存栏头数	头	GV109	
二、农林牧产品主要价格（当地集市平均价格）			
1. 稻谷	元/斤	GV110	
2. 小麦	元/斤	GV111	
3. 玉米	元/斤	GV112	

(续)

指标名称	计量单位	代码	2017
4. 马铃薯	元/斤	GV112	
5. 红薯	元/斤	GV112	
6. 其他粮食作物（请注明）	元/斤	GV113	
7. 大豆	元/斤	GV114	
8. 棉花	元/斤	GV115	
9. 花生	元/斤	GV116	
10. 芝麻	元/斤	GV117	
11. 油菜籽	元/斤	GV118	
12. 烟叶	元/斤	GV119	
13. 茶叶	元/斤	GV120	
14. 蚕茧	元/斤	GV121	
15. 药材	元/斤	GV122	
16. 牧草	元/斤	GV123	
17. 蔬菜	元/斤	GV124	
18. 其他经济作物（请注明）	元/斤	GV125	
19. 猪肉	元/斤	GV126	
20. 牛肉	元/斤	GV127	
21. 鸡肉	元/斤	GV128	
22. 蛋类	元/斤	GV129	
23. 水产类	元/斤	GV130	
24. 奶类	元/斤	GV131	
25. 其他养殖产物（请注明）	元/斤	GV132	
26. 木材	元/立方米	GV133	
27. 竹材	元/根	GV134	
28. 水果	元/斤	GV135	
29. 干果	元/斤	GV137	
30. 薪柴	元/斤	GV138	
31. 耕地平均出租价格	元/亩	GV139	
32. 林地平均出租价格	元/亩	GV140	

(续)

指标名称	计量单位	代码	2017
三、社会发展状况指标			
（一）基本情况			
1. 饮用水符合国家标准的农户数	户	GV141	
2. 以薪材为主的农户数	户	GV142	
3. 参加林业合作社的农户数	户	GV143	
4. 参加政策性森林保险的农户数	户	GV144	
5. 参加商业性森林保险的农户数	户	GV145	
6. 参加城乡居民基本养老保险人数	人	GV146	
7. 参加城乡居民基本医疗保险人数	人	GV147	
（二）能源建设			
1. 农村户用沼气池在用数量	口	GV148	
2. 节柴节煤灶在用数量	口	GV149	
3. 太阳灶在用数量	台	GV150	
4. 太阳能热水器在用数量	个	GV151	

单位负责人：　　　填表人：　　　联系电话：　　　报出日期：20　年　月　日

注：1. 退耕监测样本村均需填写此表，包括已有及新增退耕监测村、退耕对照村（又称非退耕村）；

2. 填写指标数据时请注意计量单位及关联指标之间逻辑关系，指标定义请参阅指标解释。如果您对指标有疑义或对指标体系有任何意见（建议），请与我们联系。

附件4 退耕还林工程农户（对照）调查表

表　　号：B1-1-1
户主姓名：　　　　年龄：　　　性别：　　　民族：　　　发文机关：国家林业局
户　代　码：　　　　　　　　被调查人受教育程度：　　　批准机关：国家统计局
被调查人姓名：　　　　　　　　　　　　　　　　　　　　批准文号：国统制〔2016〕175号
被调查人与户主关系：　　年龄：　　　性别：　　　民族：　　　有效期至：2018年12月

指标名称	计量单位	代码	2017
是否是建档立卡贫困户（是=1，否=0）：		GH001	
第一部分：基本情况			
一、家庭人口情况			
1. 家庭人口	人	GH002	

(续)

指标名称	计量单位	代码	2017
其中：(1) 常住人口	人	GH003	
其中：女性	人	GH004	
(2) 在校读书	人	GH005	
2. 家庭劳动力	人	GH006	
其中：(1) 女性	人	GH007	
(2) 在家务农	人	GH008	
(3) 常年外出务工	人	GH009	
(4) 临时务工	人	GH010	
二、农户家庭财产/资产/农业设备状况			
1. 年末住房情况			
其中：(1) 年末住房建筑面积	平方米	GH011	
其中：出租面积	平方米	GH012	
(2) 住房建筑材料结构：a. 钢筋混凝土；b. 砖混材料；c. 砖瓦砖木；d. 竹草土坯；e. 其他		GH013	
(3) 现住房（购）建房时间	年	GH014	
(4) 现住房（购）建房总金额	元	GH015	
其中：借贷款总额（不含利息）	元	GH016	
2. 年末拥有耐用消费品/农用设备状况			
其中：(1) 汽车	辆	GH017	
(2) 拖拉机	台	GH018	
(3) 收割机	台	GH019	
(4) 农用排灌动力机械（原水泵）	台	GH020	
(5) 插秧机	台	GH021	
(6) 冰箱	台	GH022	
(7) 电视机	台	GH023	
(8) 洗衣机	台	GH024	
(9) 摩托车	辆	GH025	
(10) 电话（含移动电话）	台	GH026	
(11) 计算机（电脑）	亩	GH027	

(续)

指标名称	计量单位	代码	2017
(12) 地膜覆盖面积	亩	GH028	
(13) 中小棚面积	亩	GH029	
三、生活设施及农村能源利用情况			
1. 是否有管道供水：a.管道供水入户；b.管道供水至公共取水点；c.没有管道设施		GH030	
2. 饮水困难：a.单次取水往返时间超半小时；b.间断或定时供水；c.当年连续缺水时间超15天；d.无上述困难		GH031	
3. 饮用水源：a.净化处理的自来水；b.受保护的井水和泉水；c.不受保护的井水和泉水；d.江河湖泊水；e.收集雨水；f.桶装水；g.其他水源		GH032	
4. 主要炊用能源：a.煤炭；b.柴草；c.天然气；d.煤气；e.沼气；f.电；g.其他（可多选，请按重要程度由强到弱依次排序）		GH033	
5. 家庭在用能源类别情况			
其中：(1) 沼气池	口	GH034	
(2) 节柴灶	口	GH035	
(3) 太阳灶	个	GH036	
(4) 秸秆气化装置	台	GH037	
(5) 太阳能热水器	台	GH038	
四、农户经营土地情况			
1. 实际经营耕地面积	亩	GH039	
其中：(1) 25度以上陡坡耕地面积	亩	GH040	
(2) 受灾面积（包括旱灾、水灾等）	亩	GH041	
(3) 租种耕地面积	亩	GH042	
2. 出租耕地面积	亩	GH043	
3. 休耕地面积	亩	GH044	
4. 弃耕地面积	亩	GH045	
5. 新开荒面积	亩	GH046	
6. 经营林地面积	亩	GH047	
其中：(1) 已领取林权证的面积	亩	GH048	
(2) 已流转林地面积	亩	GH049	

(续)

指标名称	计量单位	代码	2017
7. 经营牧草场面积	亩	GH050	
8. 养殖水面面积	亩	GH051	
9. 经营园地面积（原为经营土地中桑园、果园、茶园面积）	亩	GH052	
10. 主要粮食播种面积	亩	GH053	
其中：(1) 小麦	亩	GH054	
(2) 水稻	亩	GH055	
(3) 玉米	亩	GH056	
(4) 大豆	亩	GH057	
(5) 薯类	亩	GH058	
(6) 其他	亩	GH059	
11. 主要经济作物播种面积	亩	GH060	
其中：(1) 油料作物	亩	GH061	
(2) 糖料作物	亩	GH062	
(3) 棉花	亩	GH063	
(4) 蔬菜	亩	GH064	
(5) 药材	亩	GH065	
(6) 水果	亩	GH066	
(7) 其他	亩	GH067	
第二部分：工程进展及政策执行情况			
1. 参加前一轮退耕的起始年份	年	GH068	
2. 参加新一轮退耕的起始年份	年	GH069	
3. 当年退耕地还林面积（即新一轮退耕还林面积）	亩	GH070	
其中：(1) 25度以上坡耕地	亩	GH071	
(2) 严重沙化耕地	亩	GH072	
(3) 重要水源地15～25度非基本农田坡耕地	亩	GH073	
(4) 严重污染耕地	亩	GH074	
4. 年末实有退耕地面积	亩	GH075	
其中：(1) 保存面积	亩	GH076	
(2) 生态林面积	亩	GH077	

(续)

指标名称	计量单位	代码	2017
(3) 经济林面积	亩	GH078	
其中：①享受原有补助的面积	亩	GH079	
②享受延长期补助的面积	亩	GH080	
③补助期满面积	亩	GH081	
4.当年实际领取退耕还林补助	元	GH082	
其中：(1) 前一轮退耕补助	元	GH083	
(2) 新一轮退耕补助	元	GH084	
第三部分：生产、经营与收入			
一、农林牧渔业生产			
1.农作物产量	斤	GH085	
其中：(1) 小麦	斤	GH086	
(2) 水稻	斤	GH087	
(3) 玉米	斤	GH088	
(4) 其他谷物	斤	GH089	
(5) 马铃薯	斤	GH090	
(6) 其他薯类	斤	GH091	
(7) 大豆	斤	GH092	
(8) 其他豆类	斤	GH093	
(9) 棉花	斤	GH094	
(10) 花生	斤	GH095	
(11) 芝麻	斤	GH096	
(12) 油菜籽	斤	GH097	
(13) 葵花籽	斤	GH098	
(14) 其他油料	斤	GH099	
(15) 药材	斤	GH100	
(16) 蔬菜	斤	GH101	
(17) 其他	斤	GH102	
2.养殖业出售收入	元	GH103	
其中：(1) 出售肉类	元	GH104	

(续)

指标名称	计量单位	代码	2017
其中：①猪肉	元	GH105	
②牛肉	元	GH106	
③羊肉	元	GH107	
④鸡	元	GH108	
⑤其他	元	GH109	
(2) 鸡蛋	元	GH110	
(3) 奶类	元	GH111	
(4) 水产类	元	GH112	
(5) 其他	元	GH113	
3. 退耕地价值、林业及退耕地产出			
(1) 其中：年末退耕地木材估价值	元	GH114	
年末退耕地竹材估价值	元	GH115	
年末退耕地多年生中药材评估价值	元	GH116	
(2) 其中：木材产量	立方米	GH117	
其中：退耕地木材产量	立方米	GH118	
竹材产量	根	GH119	
其中：退耕地竹材产量	根	GH120	
薪柴量	斤	GH121	
其中：退耕地薪柴产量	斤	GH122	
灌木条（柠条等）产量	斤	GH123	
其中：退耕地灌木条（柠条等）	斤	GH124	
水果产量	斤	GH125	
其中：退耕地水果产量	斤	GH126	
干果产量	斤	GH127	
其中：退耕地干果产量	斤	GH128	
香料调料原料产量	斤	GH129	
其中：退耕地香料调料原料	斤	GH130	
森林食品出售量（干重）	斤	GH131	
其中：退耕地森林食品产量	斤	GH132	

(续)

指标名称	计量单位	代码	2017
中药材产量	斤	GH133	
其中：退耕地中药材产量	斤	GH134	
其他林产品产量（请注明）	斤	GH135	
其中：退耕地其他林产品产量	斤	GH136	
牧草产量	斤	GH137	
其中：退耕地牧草产量	斤	GH138	
二、务工与收入			
1. 家庭劳务	人	GH139	
（1）外出务工人数	人	GH140	
按务工地域分：①村外县内	人	GH141	
②县市外省内	人	GH142	
③省外	人	GH143	
④其他	人	GH144	
家庭务工人员年合计从事非农工作的时间（月，保留一位小数）	月	GH145	
按务工时长分：①常年	人	GH146	
②季节性	人	GH147	
2. 工资性收入	元	GH148	
其中：外出务工工资性收入	元	GH149	
日均工资（县外省内）	元	GH150	
其中：女性	元	GH151	
日均工资（省外）	元	GH152	
其中：女性	元	GH153	
3. 非农经营净收入（原为工副业纯收入：工业、运输、建筑、餐饮服务、商业、文化卫生教育等）	元	GH154	
4. 转移性收入	元	GH155	
其中：（1）社会救济和政策性生活补贴	元	GH156	
其中：贫困补贴	元	GH157	
住房改造改建补贴	元	GH158	
医疗报销费	元	GH159	

(续)

指标名称	计量单位	代码	2017
（2）外出从业人员寄回和带回	元	GH160	
（3）政策性生产补贴	元	GH161	
其中：退耕还林还草补助	元	GH162	
农业支持保护补贴	元	GH163	
（4）其他转移性收入	元	GH164	
5. 财产性收入	元	GH165	
其中：（1）耕地出租收入	元	GH166	
（2）畜力及农机具	元	GH167	
（3）房屋出租收入	元	GH168	
（4）其他	元	GH169	
6. 借款情况	元	GH170	
其中：（1）银行	元	GH171	
（2）亲友	元	GH172	
（3）其他	元	GH173	
三、生产性支出			
1. 种植业生产性支出	元	GH174	
其中：（1）种子、种苗（包括自产自用折资）	元	GH175	
（2）化肥（包括微量元素肥、饼肥等）	元	GH176	
（3）农药	元	GH177	
（4）雇工	元	GH178	
（5）租种耕地	元	GH179	
（6）其他（包括生产工具等其他）	元	GH180	
2. 养殖业生产性支出（农业役畜及畜牧业生产资料支出）	元	GH181	
其中：（1）仔畜或家禽幼雏、种蛋	元	GH182	
（2）饲料（畜牧业饲料）	元	GH183	
（3）兽医兽药	元	GH184	
（4）设备和工具	元	GH185	
（5）雇工支出	元	GH186	
（6）其他	元	GH187	

(续)

指标名称	计量单位	代码	2017
3. 林业生产支出	元	GH188	
其中：(1) 树种、树苗（包括自产自用折资）	元	GH189	
(2) 化肥（包括微量元素肥、饼肥等）	元	GH190	
(3) 农药	元	GH191	
(4) 雇工	元	GH192	
(5) 其他	元	GH193	
其中：退耕地支出	元	GH194	
4. 非农业生产经营性支出	元	GH195	
其中：(1) 雇工	元	GH196	
(2) 原材料	元	GH197	
(3) 其他	元	GH198	
5. 其他支出合计	元	GH199	
四、家庭支出			
1. 非消费性支出（包括人情交往等）	元	GH200	
其中：外来从业人员寄给家人的支出	元	GH201	
2. 家庭消费性支出（原医疗、教育及生活消费支出）	元	GH202	
其中：(1) 食品烟酒	元	GH203	
其中：①伙食	元	GH204	
②自产食品折资（自产自用实物账中生活消费）	元	GH205	
(2) 衣着	元	GH206	
(3) 居住（包括水电煤气、建房、租房、房屋维修等）	元	GH207	
(4) 生活用品及服务（原家庭设备、用品及服务）	元	GH208	
(5) 交通通信（原交通、通讯支出合计）	元	GH209	
(6) 教育文化娱乐		GH210	
(7) 医疗保健	元	GH211	
(8) 其他消费	元	GH212	

　　注：1. 退耕监测样本户均需填写此表，包括已有及新增退耕监测农户、退耕对照农户（又称非退耕农户）；

　　2. 填写指标数据时请注意计量单位及关联指标之间逻辑关系，指标定义请参阅指标解释。如果您对指标有疑义或对指标体系有任何意见（建议），请与我们联系。

附件5 大学寒假社会实践农村调查

是否前一轮退耕还林户：A.是 B.不是
是否新一轮退耕还林户：A.是 B.不是
家里是否有村干部：A.是 B.否
农户居住地属于：A.山区 B.丘陵 C.平原
农户居住地距县城的距离：_____里①
受访者联系电话：_____   受访者签字：

一、家庭基本情况及收入

1.户主姓名：_____；年龄：_____；民族：_____

2.户主受教育程度：
　A.大专及以上 B.高中 C.初中 D.小学 E.未上学

3.家庭人口数：_____人

4.家庭全劳力数（16岁以上）：_____人

5.外出务工人数：_____人，其中，常年_____人，季节性_____人

6.家庭主要收入来源（限选一项）：
　A.务农 B.务工 C.工副业 D.农家乐
其他（请注明）
林业收入占你家收入的比重是_____%

7.目前，您家的家庭生活水平在村里属于：
　A.好 B.中 C.差
是否参加新农合？A.参加 B.没参加
是否参加新型养老保险？A.参加 B.没参加
是否低保户？A.是 B.否
是否建档立卡贫困户：A.是 B.否

---

① 1里＝500米，下同。

表1　农户家庭土地、资产等基本情况

项目	2017年	项目	2017年
耕地面积(亩)		住房面积(平方米)	
林地面积(亩)		住房材料：a.钢筋混凝土；b.砖混材料；c.砖瓦砖木；d.竹草土培；e.其他	
牧草地面积(亩)		主要炊事能源：a.柴草；b.煤炭；c.沼气；d.燃气；e.电；f.其他	
园地面积(亩)		主要引用水来源：a.自来水；b.受保护的井水和泉水；c.不受保护的井水和泉水；d.江河湖泊水；e.收集雨水；f.其他	
家用汽车(辆)		热水器(台)	
摩托车(辆)		固定电话(部)	
洗衣机(台)		移动电话(部)	
冰箱(台)		其中：接入互联网	
微波炉(台)		计算机(台)	
照相机(台)		其中：接入互联网	

表2　2017年农户家庭经营情况

一、农作物	产量(斤)	销售量(斤)	价格(元/斤)
1.玉米			
2.小麦			
3.水稻			
4.土豆			
5.烟叶			
6.蔬菜			
7.水果			
8.其他(注明)			
二、养殖业	存栏(头)	销售(斤)	价格(元/斤)
1.猪			
2.羊			

(续)

二、养殖业	存栏（头）	销售（斤）	价格（元/斤）
3.牛			
4.鸡			
5.其他（注明）			

三、林业	产量	销售	价格（元）
1.木材（立方米）			
2.竹材（根）			
3.干果（斤）			
4.水果（斤）			
5.中药材（斤）			
6.其他（注明）			

四、工副业	年纯收入（元）	工副业	年纯收入（元）
1.运输		3.批发和零售业	
2.住宿和餐饮业		4.其他（注明）	

表3　2017年农户家庭外出务工和转移性收入情况

一、外出务工	
1.外出务工人数（人）：	2.工资标准（元/年）：
3.务工纯收入（元/年）：	4.外出务工地点　a.县内　b.省内　c.出省
二、转移性收入（元/年）	
1.农业三项补贴*：	7.危房改造：
2.退耕还林补贴：	8.养老金：
3.生态公益林补助：	9.抚恤金：
4.低保金：	10.救灾款：
5.教育救助：	11.报销医疗费：
6.医疗救助：	

注：*农业三项补贴是指农作物良种补贴、种粮农民直接补贴和农资综合补贴，2016年后，三项补贴合并为农业支持保护补贴。

二、参加退耕还林情况

1. 您家是哪一年开始退耕的? _____年

一共退耕了多少地? _____亩

有几块退耕地? _____块

退耕地平均大概离您家有多远? _____里

表4　您家最大的两块退耕地块的情况

地块序号	(1)	(2)	地块序号	(1)	(2)
1.地块面积(亩)			9. 坡度: a. >25度; b. 大于15度小于25度; c. 小于等于15度		
2.退耕前地块权属状况: a. 自留地; b. 承包地; c. 责任田; d. 荒山荒地			10.退耕树种是什么? 请列举		
3.参加退耕的年份			11.各树种林木保存率是多少? 如: 80%		
4.退耕前地上种的分别是什么?			12.是否发生火灾/病虫害? a. 是; b. 否		
5.产量各是多少斤?			13.是否补植过? a. 是; b. 否		
6.土壤质量: a. 好; b. 中; c. 差			14.是否复耕? a. 是; b. 否		
7.灌溉条件: a. 雨养地; b. 地表水; c. 地下水; d. 其他			15.退耕林木上有收益吗? a. 有; b. 没有		
8.距家的距离(里)					

2. 您家的退耕地主要属于以下哪一类?（可多选）

　　A.陡坡地　B.沙化地　C.其他耕地

退耕前，这些耕地的粮食亩产水平属于:

　　A.低　　　B.中　　　C.高

3. 您家初次退耕地上种的什么?

　　到目前，您家的退耕地上更换过树种吗?

　　A.更换过　B.没有更换过

4. 您家的退耕补助到期了吗?

　　A.全部到期了，停止补助了　B.部分到期，还有补助　C.没有到期

如果补助到期的话是哪一年停止补助的? _____年

205

你家每年领多少退耕补助？_____元

到目前为止，您家一共领取了多少退耕补助？_____元

退耕补助占您家收入的比重大概是_____%

您认为退耕补助对退耕户的收入重要吗？A.重要　B.一般　C.不重要

退耕补助到期、停止补助后，您家会返贫吗？A.会　B.不会

5. 您家退耕地上的林木长得好吗？A.好　B.一般　C.不好

　　成林了吗？A.成林了　B.没有成林

　　退耕地上有收入吗？A.有　B.没有

　　如果退耕地上有收入的话，一年能得多少钱？_____元

　　您村里退耕地上的林木长得好吗？A.好　B.一般　C.不好

6. 到目前您家退耕地林木还保存多少？

　　A.90%以上　　B.70%~90%　　C.40%~70%

　　D.10%~40%　E.10%以下

7. 您知道应对退耕还林地负有管护、补植补造责任吗？

　　A.知道　　　B.不知道

8. 有人到您家退耕地检查验收吗？A.有　B.没有　C.不清楚

9. 您现在还管（劈杂、除草、松土等）您家的退耕地吗？A.管　B.不管

　　如果管的话，您家退耕地主要是谁负责管护（此项可多选）？

　　A.家中65岁以上老人　B.家中女性　C.户主本人

　　D.亲戚　　　　　　　E.集体　　　F.其他（请注明）

　　目前，村里的退耕地由谁管？A.各家各户　B.村集体　C.各家各户和村集体一起管护

　　您认为谁管退耕地比较好？A.各家各户　B.村集体　C.各家各户和村集体一起管护

10. 您家的退耕地是否已经领到林权证？A.已领　B.没领　C.没全领

　　您愿意给您家的退耕地办林权证吗？A.愿意　B.不愿意

11. 您家的退耕还林是哪种经营形式？

　　A.自家经营　B.大户承包　C.公司+农户

12. 与退耕前相比，您们村的生态环境？A.改善　B.不变　C.变坏

13. 退耕后村里的环境发生了哪些变化？

　　A.降水增加　B.风沙减少　C.河水变清　D.野生动物增多

　　E.山变绿　　F.粮食单产提高　　G.其他（请注明）

三、趋势、问题与建议

1. 您村目前有把退耕地上的林木砍掉重新种庄稼的吗？A.有　B.没有

如果有的话，这样的退耕户占多大比例？____%

2. 退耕补助停止后，您会把退耕地上的林木砍掉，重新种庄稼，复耕吗？
   A. 会   B. 不会   C. 不确定

   如果复耕了，原因是什么（可多选）？

   A. 退耕林木干旱得没剩几株，继续退耕浪费土地

   B. 改种粮食更值钱

   C. 退耕地没有收益，家里经济困难，需要复耕重新种粮食

   D. 没有补助，我们就有权退耕

   E. 其他（请注明）

3. 您估计，如果没有退耕补助，村里的退耕户有多大比例会复耕？
   A. 不会复耕   B. 30%   C. 50%   D. 80%以上

4. 您家有新开荒地吗？A. 有   B. 没有

   如果有的话，有多大面积的新开荒地？_____亩

   近年来，您们村有新开荒地吗？A. 有   B. 没有

   陡坡地有新开荒地吗？A. 有   B. 没有

5. 您家有弃耕抛荒的土地吗？A. 有   B. 没有

   如果有的话，有多大面积的弃耕抛荒地？_____亩

   您们村有弃耕抛荒的土地吗？A. 有   B. 没有

   如果有的话，大约占村里耕地的多大比例？_____%

6. 您认为退耕还林工程是成功的吗？A. 成功   B. 不成功   C. 说不好

7. 您认为今后还有必要实行退耕还林吗？A. 有   B. 没有

   如果有必要的话，退耕补助标准是多少您能够继续退耕？

   A. _____元/亩/年   B. 跟粮食补贴一样就行   C. 跟地租_____元/亩/年一样就行

   D. 其他（请注明）

   如果没有必要，原因是什么？

   A. 生态已经好转

   B. 退耕生态效果不明显

   C. 我们能自主退耕，不需要国家的补助

   D. 补助标准低

   E. 不能足额拿到补助

   F. 没有可以退耕的土地了

8. 到目前为止，您认为退耕还林的主要问题是什么？

9. 您觉得下一步退耕还林政策应该怎么办？（多选）
   A. 增加退耕地造林面积
   B. 提高补助标准
   C. 将成林的退耕地纳入森林生态补偿
   D. 停止执行退耕政策
   E. 其他（请注明）

填报说明

1. 该问卷主要针对前一轮退耕户，请选择前一轮退耕农户作为样本户；如果是新一轮退耕户，也可以填写此表。
2. 部分问卷答案用字母标识，访问时，根据回答情况，在该字母前打勾。
3. 入户调查时，请尽量访问户主；如果户主不在，访问知道家里情况的人，如果两者都不在，放弃该户，另选它户。

附件6 名词解释

前一轮退耕还林工程

指1999年试启动，2002年正式启动的退耕还林工程，工程分为两期，项目执行期为生态林16年、经济林10年、草4年。

新一轮退耕还林工程

指2014年启动的退耕还林工程，工程期为2014—2020年。

前一轮退耕还林原补助标准（1999—2007年）

粮食补助为每亩退耕地每年补助粮食（原粮）的标准，长江流域及南方地区150公斤，黄河流域及北方地区为100公斤。从2004年起，将向退耕户补助的粮食改为现金补助。中央按每千克粮食（原粮）1.40元计算，南方=210元/亩，北方=140元/亩；现金补助为20元/亩；种苗费补助为50元/亩。

前一轮退耕还林延长期补助标准（2007—2016年）

现金补助为南方=105元，北方=70元；生活费补助为20元。

新一轮退耕还林补助标准

退耕还林每亩1500元，还草每亩800元。还林补助资金分三次下达，每亩第一年800元（其中，种苗造林费300元）、第三年300元、第五年400元；还草补助资金分两次下达，每亩第一年500元（其中，种苗种草费120元）、第三年300元。